図解 眠れなくなるほど面白い
微分積分

大上丈彦
〈メダカカレッジ〉
監修

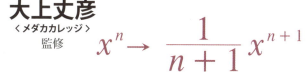
$x^n \rightarrow \dfrac{1}{n+1}x^{n+1}$

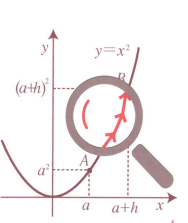

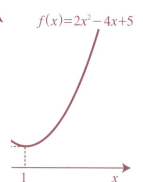
$f(x)=2x^2-4x+5$

$f'(a)=\lim_{h\to 0}\dfrac{(a+h)^2-a^2}{h}=2a$

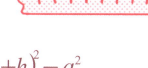
$f'(x)=\lim_{h\to 0}\dfrac{f(x+h)-f(x)}{h}$

日本文芸社

はじめに

　「りんごが3個、みかんが3個、どっちも**同じ**3個だねー」という簡単な数の会話は3歳の子どもでもすることができます。しかし、これはちっとも簡単ではありません。だって「りんご」と「みかん」はちっとも**同じ**ではないでしょう。「**りんご3個**」と「**みかん3個**」が「**同じ3個**」に見えるのは、実は特別なことなのです。
　3という数だけに注目して「同じ」とみなす、これを「抽象化」といいます。抽象化して考える力は人間なら誰でも持っているものですが、数学は抽象化の極みのような学問で、複雑になれば誰でもついていけなくなります。

　そんなときに大事なのはいつでも具体的なイメージです。数学の教科書や問題集は抽象的な書き方であふれていますが、それはどんな楽しい曲でも楽譜を見れば音符だらけなのと一緒です。メロディのイメージなしに曲を作れるはずがないように、式変形だけを追っていても数学はわかりません。
　数学の理解のためには、今自分が何をやっているかのイメージを持つことがとても大切です。本書は微分積分が何をやろうとしているのかを解説しています。

　本書の内容は、大学受験やプログラミングで微分積分を使おうという人には少し物足りないでしょう。でも、微分積分のすばらしい

アイディアに触れるには十分です。微分は「細かくして分析する」、積分は「細かくしてから足しあわせる」。シンプルな発想ですがそれだけに応用範囲が広く、理解すれば様々なことがこれまでとは違って見えるはずです。そんな「特別な目」をあなたもぜひ手に入れてください。

　微分積分には多くの入門書があります。テーマが同じなのですからどれも似たようなことが書いてあるでしょう。でも理解の神様がいつどこで訪れるかは誰にもわかりません。普通の人にはわかりにくい説明が自分にはピンとくるなんてこと、ザラにあります。説明の全部をわかる必要はありません。どれかでわかればいいのです。数学ができる人というのは、なんでもわかる天才ではなく、わからないテーマに手を変え品を変え、本を変え指導者を変えて、アプローチし続けた人のことです。本書からひとつでもあなたの理解がすすめば幸いです。

　最後に、私の大量の修正に根気よく対応してくださったアート・サプライの松田さんに感謝いたします。

2018年4月

大上 丈彦

図解 眠れなくなるほど面白い

微分積分
CONTENTS

はじめに ———————————————————— 2

第1章 微分積分の生い立ち ———— 7

01	微分積分の起こり	8
02	高校ではなぜ難しくなるのか	10
03	発明者たちを知る①	12
04	発明者たちを知る②	14
05	発明者の戦い	16
06	微分積分を理解するには	18
07	生まれた順番と習う順番	20
08	微分のイメージ	22
09	積分のイメージ	24
Column	微分が何を細かくするか	26

第2章 微分でわかること 27

01	座標と座標軸	28
02	平面上の点が表すもの	30
03	関数って一体何？	32
04	1次式で表される関数	34
05	曲線で描かれる2次関数	36
06	式からグラフを作ってみる	38
07	「傾き」とは	40
08	傾きを求めてみよう	42
09	曲線上の点での「傾き」は？	44
10	絶対値のグラフ	46
11	傾きを表す関数	48
12	「狭い意味」での微分	50
13	極限から導関数	52
14	微分にもルールがある	56
15	微分してみよう	58
16	x^nの微分	60
17	チョット練習をしてみる	62
18	3次関数とは？	64
19	単調増加とは？	66
20	最大値と最小値の求め方	68
21	極大値・極小値とは？	70
22	3次関数の式からグラフを作る	72
Column	数学史に名前を刻み損ねた日本人	74

第3章 積分でわかること — 75

- 01 積分はなぜ必要？ — 76
- 02 取り尽くし法 — 78
- 03 細分化による取り尽くし法 — 80
- 04 可能な限り小さく分割する — 82
- 05 奈良の大仏の体積 — 84
- 06 どんなものでも積分できる — 86
- 07 ニュートン、ライプニッツの発見 — 88
- 08 原始関数とは？ — 90
- 09 積分の公式を導き出す — 92
- 10 原始関数と不定積分 — 94
- 11 答えは1つではない？ — 96
- 12 Cって一体何？ — 98
- 13 三角形の面積を積分で求めるには — 100
- 14 値を求める積分 — 102
- 15 三角形の面積の公式と同じ — 104
- 16 積分と微分は表裏一体 — 106
- 17 2次関数の面積を求めてみよう — 108
- 18 曲線に囲まれた面積を求める — 110
- 19 チョット積分計算の練習 — 112
- 20 器を式で表す — 114
- 21 器の体積を数学語で表す — 116
- 22 断面積を求めてみる — 118
- 23 器の体積が求められた — 120
- 24 積分計算の流れの確認 — 122
- 25 三角錐の公式を作ってみる — 124
- 26 積分まとめ — 126

第 1 章

微分積分の生い立ち
微分積分のイメージをつかむ

01 天体観測の時代は最先端の学問だった
微分積分の起こり

始まりは星の観察

　微分積分学は、星の観察から生まれました。今でこそ宇宙飛行や火星探査などの科学技術が発達していますが、微分積分学ができる以前は、星の動きは未知のもので、星の動きを知ることは、微分積分学が発明される以前では大変な作業でした。膨大な観測データを集めて、それらを元に軌道を割り出していったのです。軌道を割り出す計算は、当時の最先端の学問で、とても難しかったようです。しかし、**アイザック・ニュートン**（1642-1727）と**ゴットフリート・ライプニッツ**（1646-1716）の登場によって、微分積分学が発明され、これを使うことで今では大学生レベルの計算でも星の動きがわかるようになりました。

　その後、微分積分学は、物理学や、その他いろいろな分野で細かな現象を理解するために使われるようになっていきました。

微分積分を理解すると

　微分や積分が、300年前の最先端の数学だったことはわかりました。それが現代では高校の数学で登場してしまうのですから、時代は進んでいるということですね。微分と積分は応用範囲が非常に広く、理系科目にとどまらず経済学など多岐にわたって使用されています。

　しかしながら、微分積分は数学の鬼門で、これが原因で数学が嫌いになったという人も多いでしょう。しかし、それは教え方が悪いからか、聞く側の準備ができていないからです。本書でぜひ、微分積分の考え方を理解し、数学コンプレックスから脱出してください。

微分積分の誕生

微分積分の始まり

微分積分が発見される以前は、星の動きは望遠鏡で見ることがすべてだった

天体観測の時代
望遠鏡を使って星の動きを観察していた

 ニュートン、ライプニッツの登場

微分積分の発明
計算で星の動きを求められるようになった

 時は流れて……

現代
コンピュータで星の動きを観察している

 現代では宇宙飛行にも利用されている

 応用されていろいろな場所で使われている

02 微分積分の入口でつまずいてしまうわけ
高校ではなぜ難しくなるのか

高校では微分積分の基礎を学ぶ

　高校生で微分積分学を習ったという人はどのくらいいるのでしょうか。本書では、高校生で習う範囲の微分積分学を中心に解説していきます。微分積分学は現代でもさまざまな分野に使用されています。「さまざまな分野に使用される」ということは、「それだけ基本的だ」ということです。皮むき器と包丁では、包丁のほうが基本的であるがゆえに、応用範囲も広いですよね。

なぜ難しくなるのか

　基本的なはずの微分積分ですが、なぜかリタイヤする人が続出してしまいます。それは、数式がだんだんにまったくわからないような記号と式の羅列に見えてきてしまうからでしょう。数式も見方によっては雄弁なものです。例えば「50円のものを4つ買ったらいくらかな」と思って、50×4=200と計算し、結果が200だから「200円だ」と結論をだす。最初と最後には「意味」がありますが、途中の数式には「意味」がない。意味がないわけではなくて、「意味が書いてない」のですね。実際には我々は状況を判断して「50×4=200」を見たときに「ああ、50円のものが4つだから、こういう式になるんだな」と思うはずです。ところが、高校、大学となるにつれ、途中の数式の議論が長くなるので、もともとの状況を忘れやすくなってしまうのです。そうなると式は、ただ数字と記号の羅列にしか見えません。

　本当に大事なことは式を追うことではなくて、始めの設定を忘れないことなのです。

高校で習う範囲

高校での微分積分

微分積分は、高校時代に学ぶ科目としては最も難しい学問のひとつ

難しくなるのはなぜ？

高校までは……

「50×4=200」の意味は……

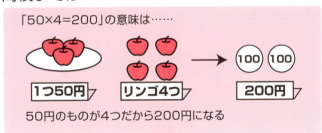

50円のものが4つだから200円になる

大学に入ると……

$$\frac{\partial z}{\partial u} = \frac{\partial z}{\partial x}\frac{\partial x}{\partial u} + \frac{\partial z}{\partial y}\frac{\partial y}{\partial u}$$

このような記号の羅列に変わる

ワンポイント
難しくなっても大事なのは始めの設定を忘れないこと

03 発明者たちを知る①
リンゴからいろいろなことを生み出した天才

リンゴが出発点

　ニュートンは、微分積分の功労者の1人で、物理学で名前が単位になっているほどの有名人です。リンゴが木から落ちるのを見て、万有引力の法則を思いついた話を知らない人はいないでしょう。

　ニュートンが微分積分学を発見したのは、20代前半といわれています。リンゴの逸話もこの頃の話です。

　ニュートンは最初に書いた光についての論文が受け入れられず論文を公表するのに異常に慎重になり、微分積分法が世の中に公表されたのが、約20年後の40代のときです。ニュートンの微分の考え方は、流率法とよばれるもので、現在高校などで使われている記号とは少し違う記号を使っていました。現在の記号はライプニッツと**ジョゼフ＝ルイ・ラグランジュ**（1736-1813）のものが適宜使い分けられていて、ニュートンの記号は日本ではメジャーではないですが、ドイツではニュートンの考案した記号のほうが一般的だそうです。

　ニュートンの微分積分学の考え方は、運動の法則を用いたという側面が強くでています。

100年も先を歩いていた

　ニュートンの時代に作られた微分積分学は普通の人にはわからなかったために、**レオンハルト・オイラー**（1707-1783）やラグランジュなどによって、100年かかってようやく今の私たちが使っている微分積分のようにまとめられたのです。

功労者①

ニュートン

アイザック・ニュートン
（Isaac Newton）

[プロフィール]
1642年〜1727年。イギリス生まれ。物理学者・数学者・哲学者。光のスペクトル分析、万有引力の法則、微分積分法を発見し、近代科学の基礎を築いた。ほかにもニュートン式反射望遠鏡を発明し、天文学の進歩にも貢献した。

ニュートンの考え方

流率法とよばれる

$\dot{x}, \ddot{x}$ などの記号を使用

「落ちるリンゴを見て万有引力を発見した」という話がありますが、実は創作で普通に研究していて発見したともいわれている。

04 記号の発明にすべてをかけた天才
発明者たちを知る②

微分積分よりも記号 "命"

　ライプニッツは、ニュートンと同時期に微分積分学を発明した人物です。ライプニッツが、微分積分学の論文をまとめたのは、ニュートンの微分積分学の発見よりも10年ほど後になってからでした。しかし、ニュートンが20年間も論文を発表していなかったために、ライプニッツの論文が10年早く世の中にでることになりました。これによって、後に争いが巻き起こることになります。

　ライプニッツの微分積分学の考え方は、ニュートンとは違い空間に依存する考え方でした。

　ライプニッツの興味は「記号の考案」にありました。わかりやすい記号というのは、それだけでその分野をグッと進歩させる力があります。音楽の分野では、西洋音楽の発展は非常に再現性の高い記譜法（楽譜など）によるといわれていますが、数学でも当然に同様のことは起こりうるわけです。

記号の生みの親

　現在使われている微分積分学の記号はライプニッツが考案したものが主流になっています。**積分記号**の「$\int$」（**インテグラル**）もその1つとしてあげられます。微分積分学が発達していた当時、ニュートンはイギリスで、ライプニッツはヨーロッパ大陸で活躍していました。ライプニッツの発見を機にヨーロッパ大陸では微分積分学の発展に多くの人が関わってきました。そのために今では、高校生にも理解ができるようになったのです。

功労者②

ライプニッツ

ゴットフリート・ライプニッツ
(Gottfried Wilhelm Leibniz)

[プロフィール]
1646年〜1716年。ドイツ生まれ。
哲学者・数学者・科学者としても有名だが、政治家・外交官でもあった。
数学的業績として、ニュートンとは異なる微積分法、微積記号の考案、論理計算の創始、ベルリン科学アカデミーの創設などがある。

ライプニッツの功績

$$\text{微分} \quad \frac{dy}{dx} \quad \frac{dx}{dt} \quad \text{など}$$

$\frac{dy}{dx}$ は、y を x で微分するということで、$\frac{dx}{dt}$ は x を t で微分するということ

$$\text{積分} \quad \int (\text{インテグラル})$$

関数（P32）に $\int$ をつけると、その関数を積分するということ

微分積分の記号は、ライプニッツの作ったものが主流となった。その結果、現在の高校で微分積分に使用されることとなった。

05 微分積分を先に発明したのはどっち？
発明者の戦い

犬猿の仲

　ニュートンとライプニッツを紹介してきましたが、この2人は仲が悪かったのです。同時期に微分積分学でどちらが早く発見したのかについて論争が繰り広げられたためです。ニュートンが先に発明したようですが、それを世の中に公表することが遅れたために、ライプニッツに先を越されてしまうという結果になりました。

　論文を早く世の中に出したほうが発明者となるはずなのですが、「ライプニッツの微分積分学はニュートンのおかげだ」という批判が起こりました。それに対し、ライプニッツはイギリスの王立協会に異議申し立てを行なっています。なぜこのような批判がでたのかというと、ライプニッツの仕事が原因でした。ライプニッツは計算機を開発していて、外交官として働いている時代にその計算機の開発をたたえられて、イギリス王立協会に招待されています。そのときに王立協会の会員になっていたため、ニュートンの論文に目を通している可能性があったのです。

不公平な審査

　審査は、当時イギリス王立協会会長であったニュートンが関わっており、公平な審査がされませんでした。そして論争はライプニッツが死ぬまで続けられました。

　しかしその後、微分積分学に対する接近の仕方の違いから、ライプニッツもニュートンとは別の方法で微分積分を発明した人物に認められたのです。

仲が悪かった2人

ニュートンvsライプニッツ

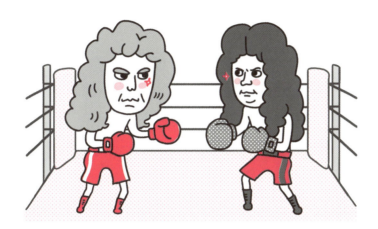

試合結果

ニュートン vs ライプニッツ

ニュートン
- 万有引力の発見
- 光のスペクトル分析
- 微分積分の発明
- イギリス王立協会会長
- 反射望遠鏡の発明
- プリンキピア

ライプニッツ
- 微分積分の発明
- 計算機の発明
- ベルリン科学アカデミー初代総裁
- 普遍学の基礎
- モナドロジー

延長引き分け

判定にニュートン自身が加わっていたため公平な判断とはいえなかった。そのため今日では、それぞれが微分積分を発明したとされている。

06 見えないところで頑張っている微分積分
微分積分を理解するには

微分積分はどこにいる？

　現在、微分積分学は**物理学、化学、生物学、経済学**などいろいろな分野で使用されています。

　しかし、微分積分がわからないと飛行機や新幹線に乗れない、というわけではありません。ただ、微分積分抜きでは新幹線は作れないし、飛行機には危なくて乗れません。なぜなら、飛行機の飛ぶ原理として微分積分が使われているからです。つまりは縁の下の力持ちとして、目立たなくても微分積分は生活の中で活躍しているのです。

数学は「言語」

　外国人とコミュニケーションをとるには、英語などの「言語」が必要です。道を聞いたり、自己紹介くらいなら、身振り手振りでできると思いますが、楽しくおしゃべりするには無理があります。また、日本語を英語に翻訳するとき、翻訳しやすい単語としにくい単語があるでしょう。日本語に直しにくい外国語に出会ったら…、新しい日本語を作りますよね。

　数学も同じなのです。「100円のものを3個買ったら300円」は数学の言葉に翻訳すると、100×3=300と書けますよね。ただ、複雑な日本語は数学語には書きにくい。微分積分が数学に加わることは、「**数学語で書ける日本語が広がった**」ことに相当するのです。無味乾燥に見える数式ですが、わかっている人は「元の意味」を重ねることで、計算結果が何を意味しているのかをイメージしているのです。

現代の位置づけ

微分積分の分野

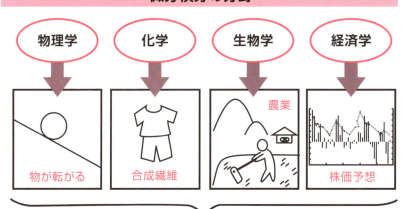

これらすべてに微分積分が使われている

数学は言語だ

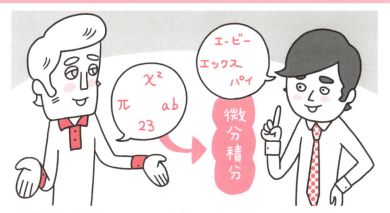

微分積分を学ぶことによって、数学語に翻訳できる言葉が広がった。

07 微分と積分、先に生まれたのはどっち？
生まれた順番と習う順番

歴史は逆だった

　高校で習う微分積分は、まず最初に微分から始め、次に積分を習うという学習方針のところがほとんどだと思います。本書も同じ順番で解説していますが、歴史を見ると、先に生まれたのは積分だったのです。積分の章でも述べますが、古代エジプト時代に積分の考え方が生まれました。その頃は、土地を公平に分けるために積分の元となる考え方が用いられていました。

　微分についての考え方を少し書くと、すべてのものの変化率を求めることが微分なので、イメージがわきにくいのです。速度など今はスピードメーターという便利なものがあるとしても、実際は速度は目に見えないものです。それに対し積分は面積を求めることを目的として生まれてきたので、イメージがとてもわきやすいということがあります。

先に計算が簡単な微分を教えた

　では、なぜ高校では微分から教えたのでしょうか。答えは単純で、考え方やイメージはわかりにくいのですが、計算が積分に比べて楽だったからなのです。そして、微分の計算方法を用いれば、積分の計算も比較的楽にできるので、高校では微分から教えています。微分の計算方法を用いないと、簡単に積分できるものは結構少なかったりするのです。しかし、高校では計算方法が授業の中心となってしまい面白くないなどの理由で、嫌いになってしまう人が多いのは残念なことです。

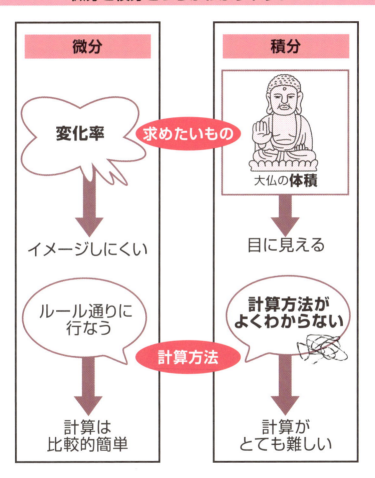

08 細かくしてから考えてみよう
微分のイメージ

「細かくする」ことが微分

　ここまで微分積分の生い立ちを見てきましたが、本章の最後に微分と積分それ自体のイメージを示しておきましょう。まず微分ですが、微分の「微」という文字が表すとおり、「細かくして考える」ということです。何を細かくするのでしょうか。

　例えば時間、例えば距離。我々は日頃、よくテレビやスマホやパソコンのディスプレイを観ていると思いますが、どんなにきれいな画面でも大きく拡大すれば光る点の集まりになります。

　ある点とその隣の点は、普通は似た色であることでしょう。その隣の点もきっと似た色だと思います。この「隣が似た色であることが多い」という事実を応用して画像のファイルサイズを縮小する技術が「画像圧縮」と呼ばれるものです。

隣の色が大きく変わったら、そこは輪郭

　多くの画像は「隣の点は似た色が多い」わけですが、逆に「隣の点が全然違う色」である場所を選び出すと、それは「輪郭抽出」という技術になります。ある点と隣の点の色情報（数値）を引き算して、それが大きければそこで「色が大きく変わった」すなわち「そこが輪郭である」と認識するわけです。

　厳密な意味で微分したわけではありませんが（厳密な意味で微分というためには無限小まで細かくしないといけない）、「細かくしたうえで、性質を見抜いて、何かの処理をする」のが微分の考え方です。

細かくして「差」を考える

白黒の場合のランレングス圧縮

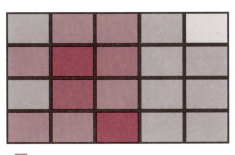

色コード 12534676
　　　　 12534677
　　　　　　・
　　　　　　・

色が似ていると
色コードも似る。

全部の色のコードを記録するのではなくて

隣のマスからの「差」で記録すると

大幅に容量を圧縮できる。

	+1	+1	±0	−1
+1	+4	+2		
±0	+3			
+1				

09 細かくして集めて考えてみよう
積分のイメージ

「細かくしてから集める」が積分

　一方の積分、あとで「積分は微分の逆演算である」ということがでてきますが、微分が「細かくする」のですから、その逆ということで積分は「集める」になります。ただ集めるだけではなく、微分とセットで使います。これは次の例でなんとなくイメージしてください。

　例えば正方形や円の面積は、算数でも習う「公式」によってすぐに求めることができます。一方で、例えば校庭に大きな絵を描いたとして、その絵の面積はどうやって測りますか。

「公式にないカタチ」の面積は

　幾何的に単純でないカタチの面積は、例えばデジタルカメラの写真を使う方法はどうでしょう。「大きさのわかっているもの」(例えば10cm四方の紙)を合わせて撮っておきます。微分のときと同様に、まず写真を1つひとつの光る点が見えるところまで拡大します。そこまで拡大すれば、ある点が絵の内側か外側かも判断できますよね。

　そうして絵の内側の点の個数を数えます。一緒に撮った「大きさのわかっているもの」の点の個数をもとにすれば「点の個数」は「面積」に換算できるので、不定形の図形の面積を求めることができますね。点を細かくすればするほど精度が上がることもなんとなくわかるはずです。この「点を集める(数える)」というところが積分です。ほら、細かくしてから集めているでしょう。

第1章 微分積分の生い立ち

細かくしてから「集める」

大きさのわかっているものを基準にする

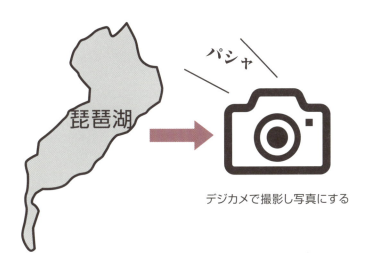

パシャ

琵琶湖

デジカメで撮影し写真にする

基準を作る!

「点の数」を数えれば、面積が近似できる。

ワンポイント
マス目が細かければ、細かいほど精度が高くなる

縮尺となるものを一緒に撮っておくとよい。

Column

微分が何を細かくするか

　ドラえもんの道具「道すじカード」は、方向を書いたシールを貼ったとおりに手持ちのオモチャが動いていく、というもので、本編ではトラックのオモチャに「前進」「右に曲がる」「前進」……と順にシールを貼って、しずちゃんにメッセージを届けました。なんて楽しい道具なんだ! と思ったものです。実はこの「しずちゃん家までの道のり」を細かく「前進する」「右に曲がる」などと分解することは「微分する」ことに相当します。微分は「何かを細かくすること」と書きましたが、ここでは「道のり」を細かくして「時々刻々の位置の変化」に置き換えています。逆に、矢印シールを積み上げて「時々刻々の変化」を「しずちゃん家までの道のり」に仕上げるのは「積分する」ことに相当します。

　さてこの夢のような道具、さすがに「シールを貼るだけ」で手持ちのぬいぐるみを動かすことはまだできませんが、人にセンサーを付けて「時々刻々の変化」(速度や方向の変化)を記録したり、ロボットにプログラムを入れてその通りに歩かせたりすることなら今の技術でも十分にできそうです。では「時々刻々の変化」だけからしずちゃんの家までたどり着けるでしょうか。いいえ、「出発点がどこで、出発時の向きはどうか」という情報がないと着きません。この「最初はどうなっているか」を「初期条件」といいます。つまり情報量的には、「初期条件＋時々刻々の変化」が「道のり」と等しいのですね。この場合、初期条件が少しでも狂うと、誤差が積もってしずちゃんの家には着かなくなるでしょう。実際には矢印シールでしずちゃんにメッセージを届けるのは結構たいへんだと思います。

第2章 微分でわかること
機械的な計算からある一瞬を見る

01 軸と目盛りで場所を表現する
座標と座標軸

座標というもの

　微分や積分を説明する前に、座標を導入しておきましょう。座標とは適当な「軸」と「目盛り」によって、場所を表現しようというものです。

　「あなたのロッカーは左から3番目です」というときは、さりげなく「一番左が数え始めで、そこから右に向かって軸があり、ロッカー1個分が1目盛に相当する」ということが設定されています。

　数え始めの点を「原点」といいます。ロッカーによっては「上から2番目、左から3番目」といわれることもあるでしょう。この場合は「原点は左上」で「下向き」と「右向き」の軸が設定されていることになります。

x軸とy軸

　日常語では「上から2番目、左から3番目」といいますが、数学では軸に x や y の名前をつけて、平面のどこか1点を表します。

　目盛りの意味や幅は、「いま何を考えているか」によって変わります。ロッカーならば分数や負の数はとりえません。逆に、速度や時間ならば、理論的には負から正の無限大まで、実数の範囲の値をとることができます。

　軸に何を割り当てるかは自由に決めていいことですが、例えばりんごが落ちてからの時刻を x、落ちた距離を y とすれば、原点から放物線状の線が描かれることになります。

座標と座標軸の考え方

座標と座標軸を設定する

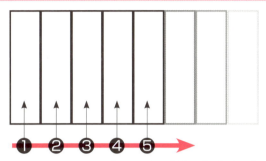

さりげなく原点と軸(目盛り)が設定される。

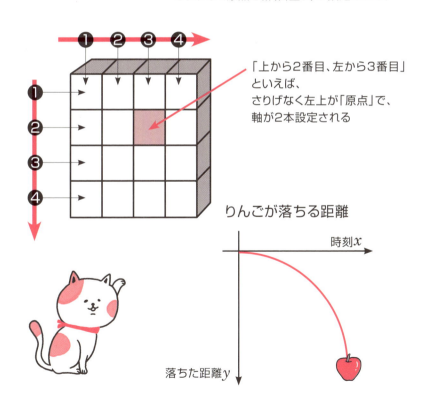

「上から2番目、左から3番目」といえば、
さりげなく左上が「原点」で、
軸が2本設定される

りんごが落ちる距離

時刻 x

落ちた距離 y

02 2つの番号を特定する
平面上の点が表すもの

番号から位置へ、位置から番号へ

　さきほどは「番号からロッカーの位置を特定」しましたが、逆に、あるロッカーを指させばそこから左から何番目で上から何番目、という具合に「ロッカーの位置から2つの番号を特定」することができます。ある平面に x 軸と y 軸を設定して、そこで点を一つ指定すると、その点は「ある x と y」の2つの情報を我々に与えてくれます。

xy 平面で表されるもの

　x 軸と y 軸が設定された平面のことを「 xy 平面」と呼びます。xy 平面の上の点は、さきのロッカーを指さした場合と同様に、「x がいくつで y がいくつ」ということを意味します。

- x と y から、ある点を指す
- ある点から、x と y の2つを表す

　ここまでで xy 平面上の点、これの解釈について代表的な2つのパターンを説明したわけですが、もう1つ別のパターンがあります。それは、

- x と、ある関係式から、y を求める

というもので、「関数」のパターンです。微分積分ではこれを主に扱いますが、まずは次で「関数」についての理解を深めましょう。

位置を特定する方法

番号と位置の関係

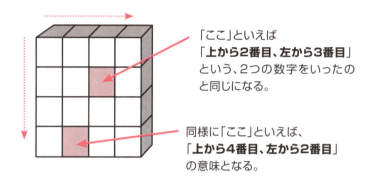

「ここ」といえば
「上から2番目、左から3番目」
という、2つの数字をいったのと同じになる。

同様に「ここ」といえば、
「上から4番目、左から2番目」
の意味となる。

x軸とy軸の関係

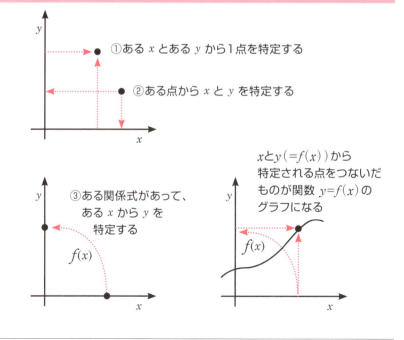

① あるxとあるyから1点を特定する

② ある点からxとyを特定する

③ ある関係式があって、あるxからyを特定する

xと$y(=f(x))$から特定される点をつないだものが関数$y=f(x)$のグラフになる

03 集合と集合のつながりを見つけだす
関数って一体何？

関係性を見つけること

　グラフのことがわかったところで、関数について見ていきましょう。もうそろそろ数学の分野に入ってきて難しそうというイメージを持つ人もいると思いますが、微分積分とは切り離せない関係なので、ここでしっかりと押さえておきましょう。グラフと関数は同じものの表し方を変えているだけなので、関数がわからないと、グラフも正確に理解できなくなってしまいます。

　例えば、
みかん、ケーキ、牛、きゅうり、ジュース、テレビ、りんご
　これを、
果物、野菜、電化製品、飲み物、肉、お菓子
といった種類に分けてみます。これは、まったく問題ないと思います。

関数は集合と集合をつなげるもの

　こういった、集合と集合を結びつけるものを**関数**といいます。集合とは、言葉通りに集まりのことです。上の例で説明するのならば、みかんとリンゴは果物に分類されます。この果物が集合なのです。1対1に対応している必要はなく、あるものに対して、あるものがあてはまる、上の例だと、みかんに対して、果物というようにあてはまる物が関数となるのです。関数を数式で表す場合、$function$の頭文字をとって、「$f(x)$」（**エフエックス**）と表現されます。これは、x の関数ということを表しています。

関数ってどういうもの？

関数って何？

●関数とは、「集合」と「集合」の関係を表したもの

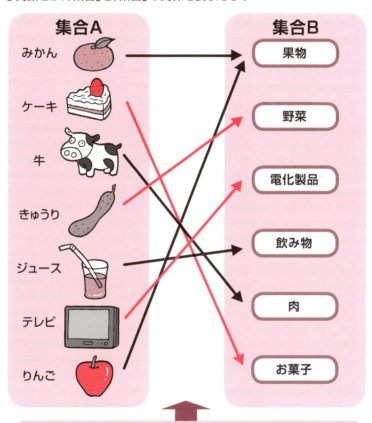

Check! 2つの関連を表したものが「関数」である。

$f(りんご) = 果物$

↑　　　　　↑
集合Aのもの　集合Bのもの

04 まずは1次関数
1次式で表される関数

変数と定数

　関数は「どの文字とどの文字が関係あるのか」をおさえることがまず大切です。慣用的には「$y = x^2 + x + 1$」と書いたときには左辺の文字（ここではy）が右辺の文字（ここではx）の関数になります。今の式では登場人物は x と y の二人しかいませんので、とくにことわらなくても誤解される可能性は低いですが、あくまで「慣用的」な話なので、正確を期すなら式に添えて「y は x の関数」と表記します。式が $y = ax^2$ であった場合には（これも慣用的には「y は x の関数」と解釈されますが）、y と x が関数関係にあるのか、それとも、y と a が関数関係にあるのかは、式からだけでは判別不能なので「y は x の関数」あるいは「y は a の関数」と併記しないと明確ではありません。「y は x の関数」であるとき、その x を「**変数**」といい、文字通り「値が変わるモノ」と解釈します。一方でそのときの a は（x が変わろうがなんだろうが）値が変わらない、という意味で「**定数**」と呼ばれます。普通の数値ももちろん定数です。1次関数の「1次」とは「変数の最大次数が1次である」という意味です。さきの「$y = ax^2$」の場合は次数最大は「x^2」ですので2次関数ということになります。

グラフで表す

　$y = x$ の式をグラフで表してみます。x の値が1のとき、y の値も1。つまり、グラフで表すと、右の図のように、x 軸と y 軸の角度のちょうど半分を通る直線になることがわかってもらえるでしょう。このように関数の式をグラフで表すと、一目で、x と y の関係がわかるようになります。

1次関数

1次関数 $y = x$

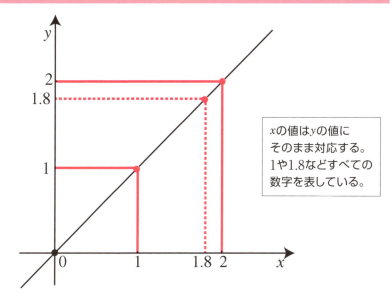

xの値はyの値にそのまま対応する。1や1.8などすべての数字を表している。

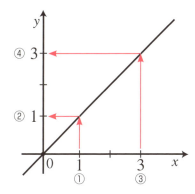

① x が1のときに…
② y は1
③ x が3のときに…
④ y は3に対応する

ということを表している

05 曲線でグラフが表される関数の代表
曲線で描かれる2次関数

曲線

　1次関数がわかったところで、次の段階に進んでみましょう。2次関数とは、右ページのような式で表され、グラフで表すときは、物を投げたときに描く軌道に似ていることから、**放物線**とよばれています。

　具体的にどういった関数があるのでしょうか。一番簡単なのは、正方形の面積です。円の面積も同じです。正方形は4辺の長さが同じなので、1辺を2乗すると答えを求められます。x を1辺の長さ、y を面積とすると、式は $y = x^2$ となり、グラフは放物線を描きます。この場合、x は1辺の長さですので、$x > 0$ の条件がつきます。

「正確に」描かなくてもいい

　2次関数のような曲線のグラフを正確に描くのは難しいものです。しかし多くの場合、そこまで正確な「絵」は要求されません。うまく特徴をとらえた似顔絵は、ときに写真よりもわかりやすいことがありますよね。

　特徴をおさえて「正確であるかのように見えるグラフ」を簡単に描くのが上級者です。特徴はグラフごとに異なるのですが、例えば1次関数なら「直線」であること自体が特徴でしょう。そして「x 軸や y 軸との交点」や、「ある点を通る」という特別な情報があればそれを書き込むと「正確」になります。また、2次関数なら「左右対称」の山（または谷）のカタチがまずひとつ。山の頂上（または谷の底）がどこにあるのかが次。あとは1次関数と同じく、x 切片（38ページ）や y 切片、「ある点を通る」という特別な情報を付け足す。そうすると多少ヘタでも「正確」な図になります。

2次関数

2次関数 $y = x^2$

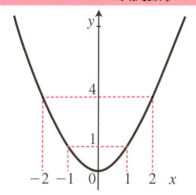

グラフは、きちんと描かなくても大体の形さえ合っていれば大丈夫。

Check! y軸をはさんで左右対称になっている。
yの値はxの値の符号（プラスとマイナス）に左右されない。

2次関数の例

● 正方形の面積

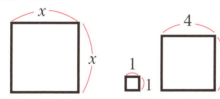

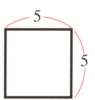

Check! 面積をyとすると、$y = x^2$

● 円の面積

Check! 面積をyとすると、$y = \pi r^2$

06 関数の式がわかるとグラフが作れる
式からグラフを作ってみる

2つのグラフを作る

式とグラフについてわかったので、実際にグラフを作ってみましょう。

① $y = 4x + 6$
② $y = 2x^2$

のグラフを描いてみましょう。

①について見てみます。x がゼロのとき、y は6になりますよね。直線が軸を横切るところを「切片(せっぺん)」、y 軸を横切るところをとくに「y 切片」といいますが、この直線は「y 切片が6」であることがわかります。

②について見てみます。x は2乗されるので、グラフは y 軸に対して左右対称になります。y 軸は0で横切り、x 軸には接します。

曲線になる理由

なぜ曲線になるのかというと、計算をしてみるとわかるのですが、2乗の式というのは、1や2のときの値の変化は少ないのですが、例えば、10ならば2乗すると100に、11で121と値が大きくなればなるほど x の値が1変わるごとの y の値の違いが大きくなるからです。x の変化は、いくらでも細かくできますので、対応する点をつなげていくと滑らかな曲線になります。

式からグラフを作る

グラフを描く

① $y=4x+6$

ワンポイント
切片とは、グラフが軸を横切るところ

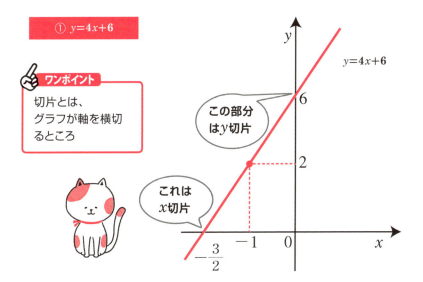

② $y=2x^2$

$x=2$ のとき
$y=2\times 2^2$
　$=8$
$x=-2$ のとき
$y=2\times(-2)^2$
　$=2\times(-2)\times(-2)$
　$=8$
なので同じ y の値を指す

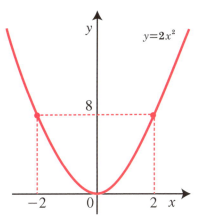

y 切片はゼロ
x 軸は横切らないので x 切片とはいわない
（「$x=0$ で x 軸に接する」という）

07 どれだけ進んでどれだけ上がるか
「傾き」とは

すべり台は傾きがマイナス

　日常語でも「傾き」は使われますが、数学ではもう少しそれを明確に「x 方向にいくつ進んだときに、y 方向にどれだけ上がるか」と決めておきます。直線の場合にはどこで傾きを調べても同じです。

　「$y = x$」の場合には、x が1進めば y も1上がりますので「傾きは 1」といえます。「$y = -3x$」の場合には、x が1進んだとき y は3下がります。「3下がる」のは「−3 上がる」ということですので、「傾きは−3」と表現します。

　それでは「$y = 4$」ではどうでしょうか。このような「x を含まない式を「y と x の平面」に表すと、y は「x の変化に関係ない」わけですから、グラフは x 軸に対して平行な直線になります。

　そしてこの場合、x が変化しても y の変化はゼロですので「傾きはゼロ」となります。

曲線では傾きは変化する

　イメージとしてすべり台を思い浮かべると、すべり台の高さを水平距離で割ったもの（を負にしたもの）が「傾き」になります。

　では途中で傾斜が変わるようなすべり台ではどうでしょう。結論からいって、このときは「接線」を考えてそれを「その場所の傾き」と考えます。この場合には「傾き」は均一ではなくて、すべり台の場所により異なるわけですね。

傾きを具体的に認識する

傾きのイメージ

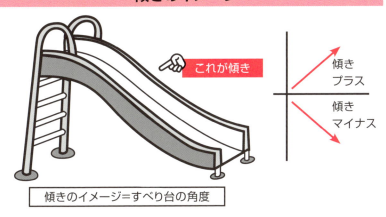

傾きのイメージ＝すべり台の角度

傾きをグラフで描く

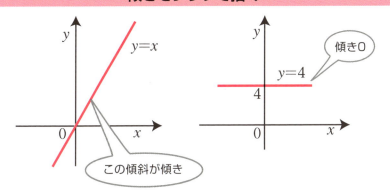

> **ワンポイント**
>
> $y=x$ の表記は、
> 本当は「$y=1 \cdot x$」です。
> しかし、「1」と「・」を省略できる
> ため $y=x$ となっている

08 座標同士の計算をするだけですべり台の角度がわかる
傾きを求めてみよう

点A－点Bでも点B－点Aでも

「傾き」は「y方向の移動距離をx方向の移動距離で割る」と求められます。2つの点$A(3,8)$と$B(2,4)$を考えると、左側の点Bからx方向に1進み、4上がった先に A があるので、傾きは4になります。ただ、今は「AとBでどちらが左にあるかな〜」と考えましたが、実は何も考えず、

「（Aのy座標 引く Bのy座標）÷（Aのx座標 引く Bのx座標）」

を作れば傾きになります。2つの点が実際にどの順で並んでいてもこの式にいれて計算すれば、分子分母でうまくマイナスが相殺され、正しい傾きを得ることができるのです。

分数の分数

点$A\left(\frac{1}{2}, \frac{1}{3}\right)$と点$B\left(\frac{2}{3}, 1\right)$の傾きは求められますか？

$$\frac{\frac{1}{3} - 1}{\frac{1}{2} - \frac{2}{3}} = \frac{\frac{2}{3}}{\frac{1}{6}}$$

分母分子が分数になっているからわかりづらいかもしれませんが、分数の割り算なので、答えは4となります。見た目にだまされないよう注意しましょう。計算自体は小学生レベルなので、落ち着いて計算すれば間違いなくできます。

傾きを求めよう

傾きを求める公式

点$A(a_x, a_y)$を通り、点$B(b_x, b_y)$を通る直線の傾きmは、

$$m = \frac{a_y - b_y}{a_x - b_x}$$

となる

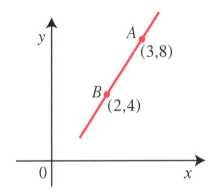

上の公式にあてはめて
点$A(3,8)$、点$B(2,4)$とすると、

$$\frac{8-4}{3-2} = 4$$

傾きは4

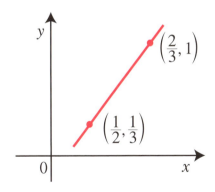

$$\frac{\frac{1}{3} - 1}{\frac{1}{2} - \frac{2}{3}} = \frac{\frac{2}{3} \times 6}{\frac{1}{6} \times 6} = 4$$

Check! 分母と分子を6倍して下の分数を消す

09 曲線は傾きが場所により変わる
曲線上の点での「傾き」は？

曲線の傾き

　「傾き」のイメージの説明ですべり台を出しましたが、すべり台もまっすぐなものばかりではないですよね。直線と同じく曲線にも「傾き」を決めることができますが、その傾きは直線のように一定ではありません。それでは曲線の傾きはどうやって求めるのでしょうか。その前に、そもそも曲線の傾きってどの方向なのでしょうか。すべり台でも、スキーのゲレンデでも、ジェットコースターでも、なんでもいいので「緩やかになったり急になったりするもの」を思い浮かべてください。さてそこで、もし突然すべり台が「切れていたら」どうなるでしょう。すべってきた人はどうなりますか。

　ご想像のとおり「切れる直前にその人が進んでいた方向に直進」するはずです。その方向を、「曲線の、その場所の、傾き」と呼びます。曲線の傾きは一定ではなく、場所によって違うので、「その場所の」というように場所まで指定しないときちんと表せません。ここでは曲線として x の関数を想定していますので、場所として x を指定してやれば曲線上の位置も特定できます。

x のところの傾き

　というわけで、ある曲線には「x のところの位置」に加えて「x のところの傾き」という情報があることがわかりました。ただどんな x にでもこの2つがあるとは限りません。例えば関数 $y = \dfrac{1}{x}$ では $x = 0$ のところには「x のところの位置」がありません。もちろん傾きもありません。このあたり、次項で少し詳しくみてみます。

曲線での傾き

すべり台の傾きは刻々と変わる

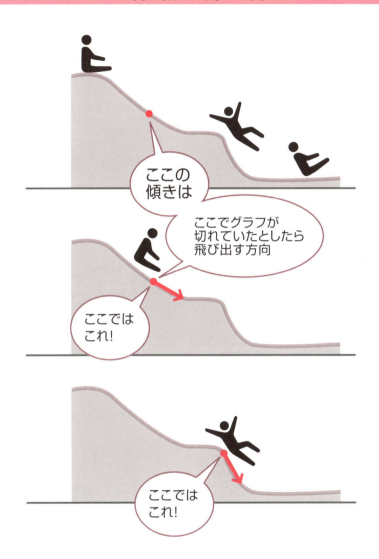

10 傾きは存在するかしないか
絶対値のグラフ

$y=|x|$ のグラフ

　ここで、絶対値のグラフに登場してもらいましょう。絶対値とは、正の数ならそのまま、負の数なら符号を反転するルールで、例えば、$|5|=5$、$|-3|=3$ です。

　これを $y=|x|$ として、$x=5$ のときは $|5|$ だから5、$x=-3$ のときは $|-3|=3$ だから3、とグラフを作っていきます。以下はグラフを見ながら考えてください。関数 $y=|x|$ では $x=0$ のところで y はゼロ。しかし $x=0$ のところの「傾き」はどう解釈しますか。

　グラフ上のある場所での傾きは、そこでグラフを切ったと考えて、滑ってきた人が「飛び出す方向」です。

　そこで $y=|x|$ を $x=0$ で切って考えてみるわけですが、$x=0$ という点を $x>0$ からの続き、と考えるか、$x<0$ からの続きと考えるかで、飛び出す方向が違ってしまうでしょう。

　実は「飛び出す方向」が正しく傾きを表すのは、左右どちらから考えても同じ傾きになる場合だけで、それが不一致となる場合は傾きが決まりません。つまり「その場所での傾きは存在しない」というのが正しいのです。

傾きは「存在しない」ことがある

　グラフを切った場所の左右からの飛び出し方向が一致することを、数学用語で「滑らか」といいます。滑らかでない場所にはグラフの傾きは存在しません。「存在しない」って、数学っぽい感じがしませんか。

絶対値のグラフを覚える

絶対値のグラフを書く

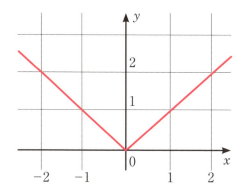

$y = |x|$ は

x が 1 のとき、y は 1
x が 2 のとき、y は 2
x が -1 のとき、y は 1
x が -2 のとき、y は 2

なので
こんな形になる。

$x=0$ のところに傾きは存在するのか？

負の側で考えると下向き　　正の側で考えると上向きに

傾きはどっちが正しいの？

どちらも正しくない
傾きは「存在しない」が正しい

11 一番急な場所はどこ？
傾きを表す関数

傾きを簡単に言いたい

　曲線上のある1点の傾きは「そこで切ったときに飛び出す方向」という説明をしてきました。任意の場所の傾きがわかると嬉しいことがたくさんあります。例えばスキーのゲレンデや登山のルートで「どこが一番急なのかがわかる」と嬉しくないですか。

　ある曲線には「xのところの位置」に加えて「xのところの傾き」という情報がある、というお話をしたかと思います。$y = f(x)$という関数に関して、「xのところの位置」とはつまり $f(x)$ のことですよね。

　位置を $f(x)$ と簡単に言えるように、「xのところの傾き」に対しても何か関数で簡単に「$f'(x)$ です」とか言えると便利です。傾きは当然曲線ごとに違うので、傾きを表す関数 $f'(x)$ は $f(x)$ から作られるはずです。なので先取りして $g(x)$ のような $f(x)$ と関係ない名前ではなくて $f'(x)$ という「$f(x)$ から派生しましたよ」というネーミングにしました。あとは「$f(x)$ からどうやって $f'(x)$ を作ればいいか」を追求しましょう。

傾きを表す関数を作るとは

　この「$f(x)$ から $f'(x)$ を作る手法」を微分というのです。さりげなく重要なことを書きましたよ！

　$f'(x)$ は $f(x)$ からある手法で「作る」ことができ、少なくとも $f(x)$ が多項式（かけ算と足し算で成立している式）ならば絶対にできて欲しいです。多項式の微分はすべての基本です。

傾きをグラフで理解する

傾きをグラフ化する

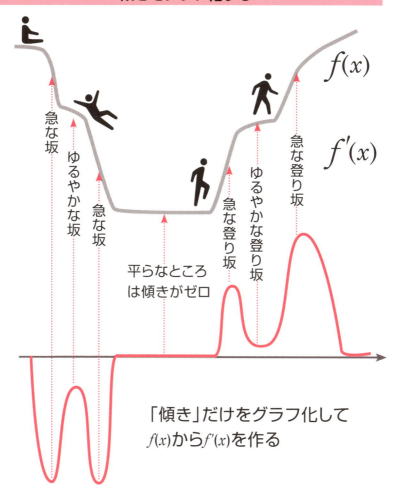

「傾き」だけをグラフ化して $f(x)$ から $f'(x)$ を作る

Check! もとの $f(x)$ から傾き $f'(x)$ を作ることを微分という。

12 瞬間の変化を積み上げて全体を考える
「狭い意味」での微分

微分の本音と建前

　「$f(x)$ から $f'(x)$ を作る手法」を微分といいます。ただ、これは重要なんですけど、それが微分の意味ではありません。本音と建前は使い分けましょう。お客様に料理を出すのは、建前はお客様においしい料理を召し上がってもらうためで、本音は原価に付加価値をつけてモノを売って儲けるためです。建前では、微分の意味はあくまで「細かくして考える」ことです。微分は「瞬間の変化を積み上げて全体を考えよう」という作戦で、その作戦のキモとなるのが、「ある $f(x)$ から $f'(x)$ を作りだす」ことになります。したがって本音の部分では、つまり狭い意味では「$f(x)$ から $f'(x)$ を作る」ことこそが微分となるのです。

$f(x)$ から $f'(x)$ を作る手法

　それでは、「狭い意味」での微分の作業をやってみましょう。その前に大事な注意があります。それは「今からやることは、実際に微分を行なう上でほとんど関係がない」ことです。じゃあなぜやるのでしょうか。
　例えばカレーを作って食べるだけなら、市販のルーを買ってくればいいでしょう。レトルトカレーだって美味しいですよね。でも「こだわりのカレー屋を開店しよう」と思っている人ならどうでしょう。お店でも問屋から仕入れたカレールーを使うだけかもしれませんが、こだわりカレー屋オーナーならば「1回くらいはスパイスからカレーを作った経験も必要じゃないかなあ」と思いませんか。いやこれは価値観の問題です。そういうことに意味を感じない方は、すぐに56ページに飛んでください。

微分の考え方を理解する

使うのは簡単。でも…

ワンポイント
微分は細かくして考えること。
狭い意味では $f(x)$ から $f'(x)$ を作ること。

実は多項式 $f(x)$ から $f'(x)$ を作るのは、やり方はそれほど難しくない。でも、「なぜ？」を説明するのは少し大変……。

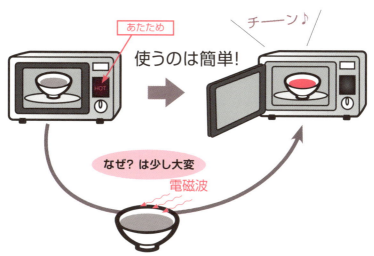

「なぜ？」の理解は重要だし、おもしろいところでもある。でも、まずは使えるようになってからにしよう。

13 理論的な背景はこうなっている
極限から導関数

理論的な背景、知りたい？

ここからは $f(x)$ から $f'(x)$ を作るにはこんな理論的背景があるんだ、という話をします。結論は『というわけで、いろいろ面倒なことがありましたが、やり方はこんなに簡単です』というオチです。結論だけでいい人はまだ間に合いますので、56ページに進んでください。ここからは「一度くらいは説明を聞きたい」という人だけついてきてください。

さて。「$f(x)$ から $f'(x)$ を作る」には、$f'(x)$ をなんとか式で表す必要があります。$f'(x)$ とは曲線上の x の場所の傾きです。傾き、曲線をそこで切ったときに飛び出す方向、をどうやって求めましょうか。

どアップにする作戦

結論からして「細かくする」という考え方を使います。曲線のある1点の周囲をどアップにすると、どんな曲線でもほぼ直線になります。直線だと思えば、傾きは次の式で表現できます。

$$(\text{曲線 } y = f(x) \text{ 上の点 }(x, y) \text{ での傾き}) = \frac{f(x+h) - f(x)}{(x+h) - x}$$

(注意：正しくありません)

曲線ですが「直線だと思って」式を立てました。この式の意味がわからない人はもう一度42ページを見直してみてください。

hの扱い

前項で立てた曲線 $y = f(x)$ 上のある点 (x, $f(x)$) での傾きの式、あれは「どアップ」であれば正しくなります。では数学でその「どアップにする」はどう表現したらいいでしょう。本書はページ数も少ないので結論を先取りして、「**lim**」(リミットと読む) という数学記号を使います。

$$(曲線\ y = f(x)\ 上の点\ (x, y)\ での傾き) = \lim_{h \to 0} \frac{f(x+h) - f(x)}{(x+h) - x}$$

(極限での表現)

これが、任意の曲線 $y = f(x)$ 上の点 (x, y) での傾きを表す式です！この式については多項式に限りません。

「lim」とは英語のlimit (極限) から作られた記号で、この場合は「hを極限までゼロに近づけろ」という意味です。これで数学では「どアップ」が表現できます。ものさしの目盛りが小さく細くなっていくイメージです。

「ゼロに近づけろ」は「ゼロではない」ところがミソです。右辺を変形すると分母が h になりますよね。h をゼロにしてしまうと割算ができなくなりますが、「近づける」ならばゼロでないので割算できます。

割算以外の場所では、$f(x)$ が多項式の範囲では、「極限までゼロに近づけた」は「実質的にゼロ」として扱って大丈夫です。

導関数を作る

上の「曲線上の点の傾きの式」を使って傾きをだしてみます。ここからは $f(x)$ は多項式であると考えましょう。例として $f(x) = x^2 - 2x + 1$ とします。「曲線上の点の傾きの式」に代入してみます。

次ページへ→

$$
\begin{aligned}
&(\text{曲線 } y = f(x) \text{ 上の点 }(x, y) \text{ での傾き}) = \\
&\lim_{h \to 0} \frac{\{(x+h)^2 - 2(x+h) + 1\} - \{x^2 - 2x + 1\}}{(x+h) - x} \quad (\text{代入しました}) \\
&= \lim_{h \to 0} \frac{2hx + h^2 - 2h}{h} \quad (\text{分子分母それぞれ計算}) \\
&= \lim_{h \to 0} (2x + h - 2) \quad (h\text{はゼロじゃないので約分しました}) \\
&= 2x - 2
\end{aligned}
$$

　分母にhがないなら、hをゼロに近づける処理は「hにゼロを代入」と一緒です。したがって最後の式は上の式のhにゼロを入れて作ります。

　さて、結果はものすごくシンプルな式になりました。曲線 $y = x^2 - 2x + 1$ の傾きが「$2x - 2$ で表せる」ということは、例えば曲線上の点 $(-1, 4)$ での傾きは、$2x - 2$ に $x = -1$ を代入してやればいいのです。

　曲線上のどの点でも（つまり、x がいくつであっても）、同じように代入すればいいだけです。「傾きを与える式」のことを**導関数**といいますが、多項式の場合はこのようにして導関数を求めることができます。

練習してみましょう

$y = x^3$ から導関数を求めてみます。

$$
\lim_{h \to 0} \frac{(x+h)^3 - x^3}{(x+h) - x} \quad (\text{代入しました})
$$

$$= \lim_{h \to 0} \frac{3hx^2 + 3xh^2 + h^3}{h} \text{(分子分母それぞれ計算)}$$

$$= \lim_{h \to 0} \left(3x^2 + 3xh + h^2 \right) \text{(}h\text{はゼロじゃないので約分しました)}$$

$$= 3x^2 \text{(}h\text{をゼロに近づけるため、実質的にゼロを代入しました)}$$

$y = x^4$ から導関数を求めてみます。

$$\lim_{h \to 0} \frac{(x+h)^4 - x^4}{(x+h) - x} \text{(代入しました)}$$

$$= \lim_{h \to 0} \frac{4hx^3 + 6h^2x^2 + 4xh^3 + h^4}{h} \text{(分子分母それぞれ計算)}$$

$$= \lim_{h \to 0} \left(4x^3 + 6hx^2 + 4xh^2 + h^3 \right) \text{(}h\text{はゼロじゃないので約分しました)}$$

$$= 4x^3$$

　計算してみると気づくことがいくつかあります。まず分子の最上位次数の x は消えちゃいますよね。分母は必ず h になりますので、約分により分子の h の次数はひとつ下がります。そのあと h をゼロに近づける（実質的にゼロを代入する）ので、約分したあとに h が残っている項は、最終的に全て消えてしまいます。

　一般に $(x+h)^n$ を展開すると $x^n + nx^{n-1}h + \cdots$ のようになりますが、傾きの式で $(x+h)^n - x^n$ を作ったとき、$(x+h)^n$ の x^n はまず引かれて消えます。「・・・」の部分はそれぞれの項に h の2乗以上を含みますので、最後の極限の処理で消える運命です。$nx^{n-1}h$ は h で約分され nx^{n-1} になり、それは極限操作を生き残って最後まで残ります。というわけで、$f(x) = x^n$ の導関数は nx^{n-1} になるのですが、それは「$(x+h)^n$ を展開した第2項目が生き残っている」からそのようになるのです。

14 ルールがわからなければプレーができない
微分にもルールがある

基本ルール

 ある関数から「傾きを表す関数」（導関数）を作ることを「微分する」といいます。前項までで「極限を使った傾きの式」から導関数を作りました。でもこれではめんどくさすぎて使い物になりませんので、「公式化」して、手間を減らして使えるようにします。
 教科書などではここに多くのページ数を費(つい)やすのですが、ここでは結果だけをご紹介します。

ルール説明

 例えば x^2 の微分は $f(x) = x$, $g(x) = x$ として右ページのルールを順次適用していくと、$(fg)' = f'g + fg' = 1 \cdot x + x \cdot 1 = 2x$ となります。「$(f(g))' = f'(g) \cdot g'$」は関数に関数を入れた「関数の入れ子」の微分についてのルールです。x^4 をあえて、$f(x) = x^2$, $g(x) = x^2$ として $f(g(x)) = (g(x))^2 = (x^2)^2 = x^4$ と思うことにして（この時点ですでにややこしいですね）、微分してみましょう。$f(x) = x^2$, $g(x) = x^2$ をそれぞれ微分すると $f'(x) = 2x$, $g'(x) = 2x$ですよね。「$f(g)' = f'(g) \cdot g'$」の右辺の $f'(g)$ は、$f'(x) = 2x$ の x に $g(x)$ という塊(かたまり)を入れろという意味です。つまり、$f(g(x))' = f'(g(x)) \cdot g'(x) = 2(g(x)) \cdot 2x = 2x^2 \cdot 2x = 4x^3$ となります。関数の入れ子構造は、このようにしてバラすことができます。

第2章 微分でわかること

微分の基本ルール

微分のルールと使い方

微分のルール

- 定数 → 0
- x → 1
- f → $\dfrac{df}{dx}$ （f' とも書く）
- $f+g$ → $f'+g'$
- fg → $f'g+fg'$
- $f(g)$ → $f'(g)\cdot g'$

● $f(g) \to f'(g)\cdot g'$ のルールの使い方

$f(x)=x^4$
$=(x^2)^2$

Check! $g=x^2$ と考える

$x^2 = x\cdot x$
上のルール $fg \to f'g+fg'$ を使って
$(x^2)' = (x)'\cdot x + x\cdot (x)'$
$= 1\cdot x + x\cdot 1$
$= 2x$

$\dfrac{d}{dx}f(x) = 2\cdot x^2 \cdot 2x$
（f' と同じ）　$f'(g)$　g'
$\phantom{\dfrac{d}{dx}f(x)} = 4x^3$
となる

ワンポイント
このように一見微分計算は難しそうでも、微分のルールを落ち着いて適用していけば、微分ができるようになる。

15 基本ができれば自己流のやり方でマスター
微分してみよう

ルールの理解を深める

　微分のルールに慣れるためにいろいろと微分してみましょう。それが、微分ができるようになる近道です。

　右ページのような式を微分してみましょう。これを2通りの求め方で求めてみることにします。

　まず1つは $x^3 \cdot x^3$ として、求めてみることです。x^3 は右ページのようにして求められます。すると、$x^3 \cdot x^3$ は同じものが2つあるだけなので前のページの微分のルールを使って求められます。

　もうひとつは、$(x^3)^2$ として求めてみることです。これは、$f(g) \to f'(g) \cdot g'$ を使います。このルールを使うと x^3 も x^2 も計算しているので簡単です。

$$2x^3 \cdot 3x^2 = 6x^5$$

となり、$6x^5$ という結果がでてきました。

結果が同じになる

　x^6 を $x^3 \cdot x^3$ と見ても $(x^3)^2$ と見ても結果が同じになるということが何の意味を持つのかというと、ルールを使える条件を満たしていれば、「**ルール適用の仕方は答えにまったく影響しない**」ということです。つまり、自分流のやり方で使いやすいルールを使えばいいということになります。これは、実際に微分するときにとても重要なことです。例えば、括弧でくくられている式をそのまま微分しても、展開してから微分しても、どちらでもいいのです。

自己流で微分をマスターする

微分のルールに慣れる

$$f(x)=x^6 \begin{cases} x^3 \cdot x^3 \\ (x^3)^2 \end{cases} \text{2通りに変形する}$$

下準備

$x^3 = x \cdot x^2$

$fg \to f'g + fg'$ のルールを使う

$(x^3)' = 1 \cdot x^2 + x \cdot 2x = 3x^2$

x^3を微分すると、$3x^2$となる

$f(x)=x^6$の微分

その1

$x^6 = x^3 \cdot x^3$

$fg \to f'g + fg'$

$(x^6)' = 3x^2 \cdot x^3 + x^3 \cdot 3x^2$

$\quad\quad = 6x^5$

その2

$x^6 = (x^3)^2$

$f(g) \to f'(g) \cdot g'$

$(x^6)' = 2x^3 \cdot 3x^2$

$\quad\quad = 6x^5$

$x^3 \cdot x^3$と$(x^3)^2$は同じ結果となる

つまり変形しても問題ない

自分の好きなように変形して微分できる

16 こんな簡単な公式があったとは
x^nの微分

もう少し簡単に

微分についてわかってきたところで、もう少し微分を便利にしましょう。

$$f(x) = x^6 + x^4 + 4x^2$$

この式を微分する場合、前にでてきた微分のルールを使っていけば解けます。しかし、これまでに紹介したルールだけだと時間がかかり過ぎます。もう少し便利な方法がないとやってられません。

x^nの微分

右ページのように、x、x^2、x^3・・・と順に微分して並べていくと、微分の規則性が見えてくるのではないでしょうか。今までの微分のルールを適用すると、右ページの微分の計算が合っていることはわかると思います。つまり、乗数が係数になって、乗数を1引くということをするだけで、微分はできるのです。係数とは x の前についている数字のことです。乗数とは、2乗や3乗など x の肩についている数のことを表しています。上の式のように、$4x^2$のような場合の係数の処理については、掛け算の微分のルールに従うと、$4x^2 \rightarrow$（4の微分）$\cdot x^2 + 4 \cdot$（x^2の微分）で、定数の微分はゼロになるため、つまりは単純に「係数は別扱いする」とすればいいことになります。

このように微分の計算は慣れてくれば脊髄反射でできるようになります。学校でサクサクと微分を解いている友達はいませんでしたか？ 彼らはただ単純に、少ないルールをガシガシと適用しているだけだったのです。

微分の公式

公式を作り出す

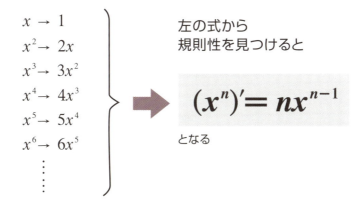

$x \to 1$
$x^2 \to 2x$
$x^3 \to 3x^2$
$x^4 \to 4x^3$
$x^5 \to 5x^4$
$x^6 \to 6x^5$
⋮

左の式から規則性を見つけると

$$(x^n)' = nx^{n-1}$$

となる

この公式を使えば、多項式の微分は簡単になる

$$f(x) = x^6 + x^4 + 4x^2$$
$$f'(x) = 6x^{6-1} + 4x^{4-1} + 4 \cdot 2x^{2-1}$$
$$= 6x^5 + 4x^3 + 4 \cdot 2x$$
$$= 6x^5 + 4x^3 + 8x$$

係数は別扱い

となり、以前と比べて格段にスピードアップ

17 ルールと公式をうまく使えば楽に微分ができる
チョット練習をしてみる

多項式の微分

微分の公式もわかったところで、多項式の微分も見ていきましょう。右ページのような式の微分を行ないます。微分のルールのページ「$f+g$ を微分すると $f'+g'$」を参考にすると、簡単に解けますね。

つまり、多項式ならば１つ１つ微分していけばいいということです。では、

$$f(x) = (3x + 5)^{34}$$

はどうなるでしょうか。展開して解くという方法もありますが、かなりの根性が必要になります。ルールがあるので、どうせならルールを使って解いてみましょう。

ルールを有効活用

この問題は、$f(g) \to f'(g) \cdot g'$ を使えば簡単に解けます。右ページのように、g を定義して微分していくと、解けるはずです。g の微分を忘れなければ、問題なく答えを求められると思います。まとめると、

$$f'(x) = 102(3x + 5)^{33}$$

となります。この例では展開するのは困難ですが、$y = (x + 1)^3$ くらいなら展開して確かめることが可能です。ぜひ一度やってみて、「おお、同じになるじゃん」という体験をしてみてください。

ルールを使って解く練習

微分のルールと公式

$$f(x) = 3x^2 - 7x + 2$$

定数の微分は0になる

$f + g \rightarrow f' + g'$ を使って

$$f'(x) = 6x - 7 + 0$$

これはなくなる

もう簡単に求められるようになった

ルールと公式を適用して微分する

(例) $f(x) = (3x + 5)^{34}$

$f(g) \rightarrow f'(g) \cdot g'$ を使うと

Check! $g = 3x + 5$ とすると

公式とルールを使う

$$f(g) = g^{34}$$

公式を適用

$$f'(g) = 34g^{33}$$

$f'(x)$ はこれに『g の微分』をかける

$g = 3x + 5$ を微分すると **3** なので
まとめると

$$f'(x) = 34(3x + 5)^{33} \cdot 3$$

$$= 102(3x + 5)^{33}$$

Check! これが一瞬でできるようになれば、微分の計算は一人前といえる

18 3次関数とは？

2次関数のさらに上の関数

3次関数

3次関数とは「関数 $y = f(x)$ の x の最高次が3」という意味です。例えば、

$$y = x^3$$
$$y = x^3 - x$$

3次関数のグラフには「中心」があって、その中心で180度回してもピッタリ重なります。このような図形を「点対称な図形」といいます。ではこれを「傾き」を追う視点で見てみましょう。

$y = x^3$ の場合、x が負のときには傾きは急（プラス）ですが、だんだん緩やかになっていき、「中心」が一番緩く、そこからまた急になっていきます。$y = x^3 - x$ の場合も、「中心」まではだんだん傾きが小さくなっていき、「中心」からは増えるほうに転じます。

つまり「中心」では傾きの増減の方向が切り替わるのですが、このような点を「変曲点」といいます。2次関数には変曲点はありませんが、3次関数には変曲点があります。これは3次関数の大きな特徴のひとつです。

3次関数の山のあるなし

$y = x^3$ と $y = x^3 - x$ は同じ3次関数ですが、見た目のカタチは少し異なります。これも「傾き」という視点で見ると、前者は傾きが「一番小さくなるとき」が0であるのに対して、後者は負になります。

傾きが正から負に転じるときに一瞬傾きはゼロになりますが、そのゼロになるときが山の頂上と谷の底に対応するのです。

3次関数のグラフ

$y = x^3$ のグラフ

$y = x^3 - x$ のグラフ

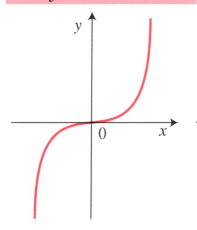
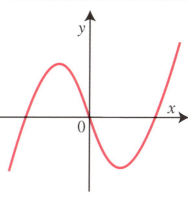

$y=x^3$のグラフの変曲点は原点Oなので、原点で点対称になる。また、x軸に接するようなグラフになる。

Check!
変曲点とは、グラフの形が下に凸から上に凸に変わるところ。

3次関数

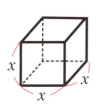
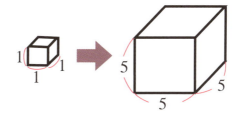

立方体の体積の推移
体積をyとすると $y = x^3$ となる

19 曲線は上がったり、下がったり
単調増加とは？

単調増加と単調減少の違い

日常語で「単調」というと「つまらない」くらいの意味になりそうですが、数学には悪い意味はなく、「上がったり下がったりがない」という意味です。前項の $y = x^3 - x$ は「上がったり下がったりがある」ので単調ではありません。$y = x^3$ は「上がりっぱなし」ですので単調です。「上がりっぱなし」を単調増加、「下がりっぱなし」を単調減少といいます。

範囲を区切って、「$y = x^3 - x$ は、$x > \frac{\sqrt{3}}{3}$ の範囲では単調増加」という言い方もできます。

ずっと単調減少

変わったものとしては「$y = \frac{1}{x}$ は $x = 0$ を除いて単調減少」になります。

$x = 0$ を除くのは、$x = 0$ ではそのときの y の値が存在せず、もちろんそのときの傾きも存在せず、傾きがなければ単調も何もありません。

この $y = \frac{1}{x}$ には不思議な点がもう1つあり、それは、「単調減少だからといって、負の無限大になるわけではない」ということです。単調減少、つまり、どんどん下がるならば最終的に負の無限大になりそうなものですが、ご承知のとおり $y = \frac{1}{x}$ は $x \to \infty$ でゼロに漸近します（$x > 0$）。単調減少なのですが、ゼロを超えて小さくなることはありません。

このような状態を「下に有界である」といいます。同様に単調増加でも無限には大きくならないものも存在します。

単調増加（単調減少）だからといって、単純に無限大まで大きく（マイナス無限大まで小さく）なるとは限らないのです。

単調増加と単調減少

単調増加の特徴

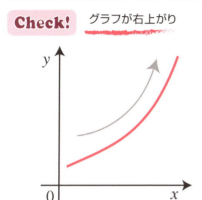

Check! グラフが右上がり

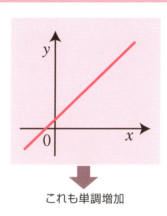

これも単調増加

単調減少の特徴

Check! グラフが右下がり

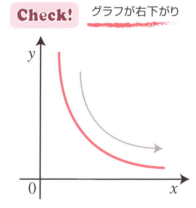

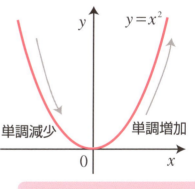

$y = x^2$

単調減少　単調増加

0が境界で単調増加と単調減少に分かれている

$f'(x) > 0$ ならば接点の傾き > 0 ➡ 単調増加

$f'(x) < 0$ ならば接点の傾き < 0 ➡ 単調減少

20 グラフの頂点を求めると最大値・最小値がわかる
最大値と最小値の求め方

最大と最小

株価や金の相場などに限らず、「**最大値**」や「**最小値**」が気になる場面は多いでしょう。コスト計算でいえば「最小値」が欲しいですし、利益でいえば「最大値」が欲しい。このような「最大値」や「最小値」を求めるニーズは大きいといえます。関数で「最大値」と「最小値」を求めるにはどうしたらいいでしょう。

$f(x) = -2x^2 + 4x - 5$ のような2次関数には最小値はありません（値が小さくなり続け、1つに定まらない場合には「最小値はない」という言い方をします）。一方で「最大値」は山の頂上の1点になります。山の頂上をどうやって求めましょうか。

山の頂上を求めよう

2次関数の場合は「x を1箇所にまとめる」という式変形により微分を使わずに求められますが、ここでは3次関数以上への応用を念頭に、微分を使った解き方も見てみましょう。

「傾き」に注目して考えると、山の左側は登り、右側は下りになり、山の頂上は「傾きゼロ」になります。つまり、もとの関数 $y = f(x)$ を微分して「傾き」を表す関数 を作り、その「傾きがゼロ」になるところ $f'(x) = 0$ となるような (x) を求めればよさそうです。$f(x)$ を x で微分すると $f'(x) = -4x + 4$ となるので、$x = 1$ のときに $f'(x) = 0$ になるとわかります。よってあらためて $y = f'(x)$ に $x = 1$ を入れて $y = -3$ がこのグラフの最大値になります。

式を微分して値を求める

最大値の求め方（微分を使わない方法）

（※ただし2次関数限定のやり方）

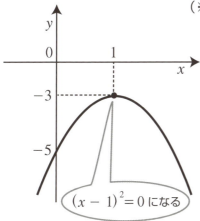

$f(x) = -2x^2 + 4x - 5$
を変形すると、
$f(x) = -2\underline{(x-1)^2} - 3$
となる。下線部はゼロ以上。
下線部がゼロになる
x は $x = 1$ なので、
$f(x)$ は $x = 1$ のときに
最大値 $f(1) = -3$ をとる。

最大値の求め方（微分を使う方法）

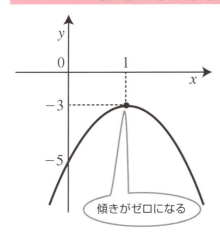

$f(x) = -2x^2 + 4x - 5$
を微分すると、
$f'(x) = -4x + 4$
となる。山の頂上は傾きがゼロ。
$f'(x) = 0$ となるような
x は $x = 1$ なので、
$f(x)$ は $x = 1$ のときに
最大値 $f(1) = -3$ をとる。

21 局所的な最大と最小を求める
極大値・極小値とは？

狭い範囲での最大値と最小値

前項で最大値や最小値の話をしましたが、現実的には区間を区切って「年初来で最高値」とか「過去10年で最低値」などということのほうが多いでしょう。数学でも「全体範囲の最大最小」のほか、局所的な最大最小を考えたいときがあります。そのような「局所的な最大値・最小値」を極大値・極小値といいます。「局」と「極」で漢字が違いますが、いずれも狭い範囲という意味です。ただ「狭い範囲」といわれても少し曖昧ですよね。数学では次のように考えます。

極大値と極小値、あわせて極値

前項で最大値を「傾き」で考えて求めたとき、傾きは（山の頂上で）「正→ゼロ→負」と変化しましたよね。傾きがこのパターンで変化するとき、その傾きがゼロになる箇所の関数の値を極大値といいます。

同様に「負→ゼロ→正」という変化するところは極小値で、極大値と極小値をあわせて**極値**といいます。傾きゼロは極値の候補ですが、傾きが「正→ゼロ→正」や「負→ゼロ→負」という変化ではグラフに山や谷ができず、極値をとりません。傾きゼロの前後で符号が変わることが極値になる条件です。極大値は最大値の候補ではありますが、最大値とは限りません。2次関数の場合は極大値があれば、それは最大値でもありますが、3次関数では違います。

例えば $y = x^3 - 3x$ では、極値は $x = -1$ のときに極大値 2、$x = 1$ のときに極小値 -2 ですが、最大値も最小値もありません。範囲を仮に $0 \leq x \leq 5$ に区切れば、最小値は $x = 1$ のときに -2、最大値は $x = 5$ のときに110ということになります。

極値の求め方

極大値と極小値を見つける

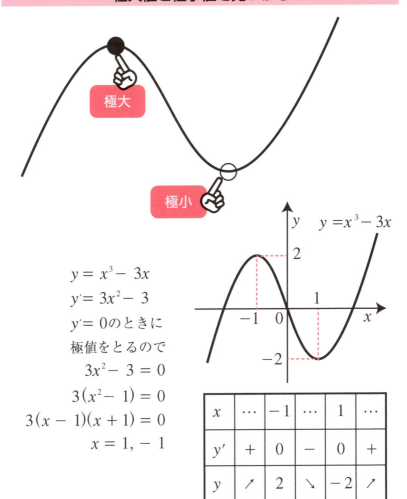

$y = x^3 - 3x$
$y' = 3x^2 - 3$
$y' = 0$ のときに
極値をとるので
$3x^2 - 3 = 0$
$3(x^2 - 1) = 0$
$3(x - 1)(x + 1) = 0$
$x = 1, -1$

x	…	-1	…	1	…
y'	$+$	0	$-$	0	$+$
y	↗	2	↘	-2	↗

Check! $y'=0$ となる前後で y' の値が正か負か確認する必要がある。そうしなければ、極値かどうかが判断できない。

22 増減表とグラフが作れるとカンペキ
3次関数の式からグラフを作る

グラフの作り方

$$f(x) = x^3 - 2x^2 + x$$

のグラフを作ってみましょう。この式を因数分解します。すると、右ページのようになり、x軸との交点と接点は0と1です。

この関数の導関数は、

$$f'(x) = 3x^2 - 4x + 1 = (3x - 1)(x - 1)$$

$x = 1$ または $x = \frac{1}{3}$ のとき、$f'(x) = 0$ となります。単調増加と単調減少を調べると、グラフがどのような形になるのかがわかります。

2階微分で変曲点

$$f''(x) = 6x - 4$$

となり、これがゼロになる箇所、すなわち変曲点は $x = \frac{2}{3}$ になります。これで、グラフの概要がつかめるようになればパーフェクトですが、わかりやすくするために表にするといいでしょう。

表は普通の表ではなく、増減表とよばれるものを使うと、極値もわかり見やすい表になります。「**増減表**」とは、変曲点、極値、そのときの関数の値、グラフの概要が描いてある便利な表です。表の中に描いてある、不自然に曲がった矢印が、グラフの概形を表すもので、これをつなげていくとグラフができあがります。

3次関数のグラフを作る

3次関数のグラフを描く

$$f(x) = x^3 - 2x^2 + x = x(x-1)^2$$

となり、
x軸との交点は0,1になる。
グラフの凹凸を調べるために極値を求める

$$f'(x) = 3x^2 - 4x + 1 = (3x-1)(x-1)$$

$x = \frac{1}{3}$ または $x = 1$ のとき $f'(x) = 0$
前後で $f'(x)$ の符号が変化するのでいずれも極値を与える。

増減表 ★

x	...	$\frac{1}{3}$	...	$\frac{2}{3}$	...	1	...
$f'(x)$	+	0	−	−	−	0	+
$f''(x)$	−	−	−	0	+	+	+
$f(x)$	↗	$\frac{4}{27}$	↘	$\frac{2}{27}$	↘	0	↗

ワンポイント
この矢印がグラフの概形を表し★で曲線が変化している。

Check!
$x < \frac{1}{3}, 1 < x$ のとき $f'(x) > 0$（単調増加）
$\frac{1}{3} < x < 1$ のとき $f'(x) < 0$（単調減少）

ここで本当に極値かどうか判断している

$$f''(x) = 0$$

のときに変曲点となり

$$f''(x) = 6x - 4 = 0$$
$$x = \frac{2}{3}$$

$x = \frac{2}{3}$ で変曲点をとる

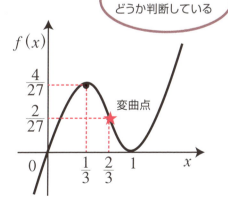

Column

数学史に名前を刻み損ねた日本人

　円周の長さの計算は、数学の歴史上非常に興味深いテーマの1つです。古代エジプトから始まった円周率の歴史は未だに求められてはいません。

　その中で、日本でも17世紀になって、当時のヨーロッパ数学に匹敵する成果が得られています。江戸時代に発達した日本独特の数学を「**和算**」といい、その代表的な人物が**関孝和**（1640頃-1708）なのです。

　江戸時代には、数学が娯楽として親しまれていました。そして、水田を作るときの土木工事にも役立っていました。また、江戸時代の数学の教科書である『塵劫記（じんこうき）』には「万、億、兆…」のような単位が書かれています。

　関孝和は円周の長さを求めるために、円に内接する正四角形から順に辺の数を2倍した正多角形を利用しました。その結果求められた値は、3.1415926535という10桁まで正しい値を求められたのです。また、関孝和の弟子であった**建部賢弘**（1664-1739）は、関孝和の研究をさらに発展させて、小数第41桁まで正しい値を得ています。当時の和算家たちの努力には驚かされます。

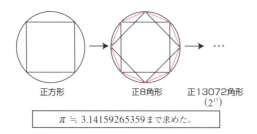

正方形　　正8角形　　正13072角形
　　　　　　　　　　　　(2^{17})

$\pi \fallingdotseq 3.14159265359$ まで求めた。

第3章

積分でわかること

刻んだものをまとめることと
微分との関連性

01 古代から積分の考え方は存在した
積分はなぜ必要？

土地を公平に分けたい

　ここから積分の話に入ります。第一章でも少し述べましたが、積分が生まれた背景は古代エジプト文明が関係しています。

　ナイル川沿いに栄えたエジプト文明は、毎年雨季になると川が氾濫を起こし、あたり一面洪水になっていました。上流の肥沃な土を運んでくれるありがたい洪水だったのですが、ひとたび洪水が起きると川の流れは変わってしまい、耕地に使っていた川原の形は見るも無残に変化してしまったのです。

　そうなると、形が変わった土地を公平に分けるための技術が必要となります。それが縄を使って直線で土地を近似する方法だったのです。

　この方法を使うと、公平に土地を分けられますが、正確な面積は求められません。なるべく正確な面積を求めたい、という要望が積分の発展につながっているのです。

まずは面積計算

　ここからしばらくは面積の話になります。ただ、積分は面積計算専用ではありません。面積計算にも使えますが、もっともっといろいろなことができます。

　第1章で述べたとおり、積分は「細かくして足しあわせる」技術です。まずは面積でその力を感じてください。

積分の必要性

複雑な図形の面積を求める

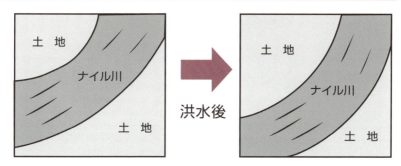

洪水の後、川の流れの変化で変わってしまった土地を公平に分けたい

正確な面積を求めるために、積分が必要となる

物の面積や体積を数学語で表したい

これを可能にするのが「積分」

あてはめられるものをあてはめられるだけはめ込む
取り尽くし法

川原の面積を求める

　今まで面積の求め方というと、四角形や三角形などの単純な形のものばかりを小学校では習ったと思います。しかし、世の中にあるものの大半は単純な形をしていません。

　特に、洪水で形の変わった土地などは、複雑な形をしており、面積を求めるのが困難です。昔はどうやって面積を求めていたのでしょうか。もちろん、正確な値を求めることは難しいと思いますが、できる限り正確に求める必要がありました。そこで考え出されたのが、次のような方法です。

具体的な求め方

　求めたい面積を近似するために、簡単に面積を求められる図形をあてはめていきます。まず適当な大きさの正方形で、求めたい面積の部分を埋めていくと、当然凸凹の部分は隙間となってしまいます。そこで、その隙間に今度は適当な図形をはめ込んでいきます。正方形でなくてもよいので、三角形や円など面積を求められるものをはめ込んでいけば、隙間を埋めれば埋めるほど正確な面積を求めることが可能となります。どうやって誤差を減らすか、という話は後回しにして、大事な注意を述べておくと、求められるかどうかはともかくとして、「面積は○○！」という値がズバリ「存在するはず」で、しかもそれは「ただ1つに決まる」はずです。そりゃそうでしょう、同じものの面積を測って、正解が2つ以上あるはずはないですね。当たり前すぎることですが、ここでよく確認しておきます。

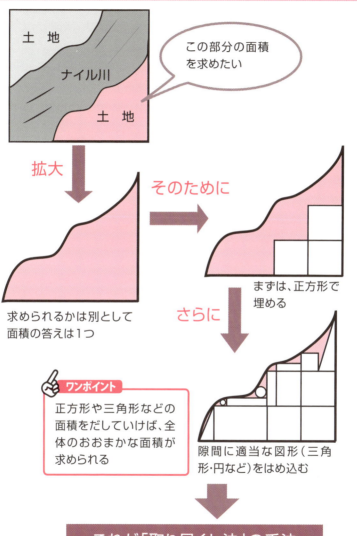

03 形を決めて大きさを小さくすれば面積を近似できる
細分化による取り尽くし法

すべて正方形で取り尽くす

　前のページで取り尽くし法の基本的な考え方を書きました。面積を求められる図形をうまく組み合わせて面積を求めよう、という発想は、かなり自然なものだと思いますがいかがでしょうか。複雑な形の図形が、実は計算可能な図形の集合体ならば、うまい組み合わせを見つけてやればまったく誤差なく面積が求められます。

　しかし、「多少の誤差は目をつぶる」という大胆な飛躍をしてみましょう。ある図形から「三角形を取ろうかな、円を取ろうかな」と考えると面倒なので、「すべて正方形で取る」と決めてしまうのです。その代わり、正方形をどんどん小さくしていくことを考えます。そうすればより近い面積を求められることに気づきますね。例えば基本となっていた正方形の大きさを半分にしてみましょう。すると実際の面積により近づけることができます。

面積の求め方

　これでも実際の面積には及びませんが、「方向性が見えた」ことにお気づきでしょうか。あとは「どれだけ正方形を小さくできるか」というだけの話になったのです。元々の問題は「どれがうまくあてはまるか」という、「アイディア」を要求していました。アイディアは難しいんです。例えば「おもしろい文章を書け」は難しいですが「漢字を100文字書け」は簡単ですよね。後者は単純作業でしかないからです。そう、難しい問題を解くための方法は、まずは難しい問題を、単純作業で片づけられるところまでかみ砕くことなのです。

正方形で取り尽くす

正方形を小さくすると

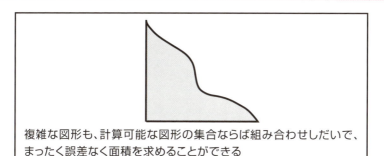

複雑な図形も、計算可能な図形の集合ならば組み合わせしだいで、まったく誤差なく面積を求めることができる

Check! 多少の誤差には目をつぶってよい！

単純な作業を繰り返すことで取り尽くしてみる

⬇

正方形だけを使って面積を求める

ワンポイント
正方形の大きさを半分にする

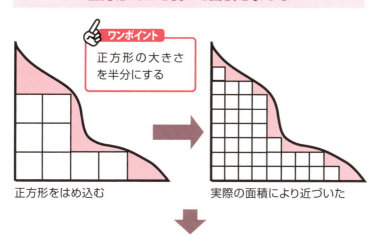

正方形をはめ込む　　　実際の面積により近づいた

⬇

どんどん細かくしていくと、どんどん正確な面積に近づく

04 取り尽くし法は極限の考え方に行きつく
可能な限り小さく分割する

極限の登場

　前ページで正方形の大きさを小さくすればよいということがわかりました。この考え方を発展させてみましょう。

　右ページを見てください。正方形の大きさを小さくしていくと、実際の面積に近いものが求められることがわかります。「図形を小さくしていくと実際の面積に近づく」このような考え方を見たことがあるのではないでしょうか。そうです、第2章にでてきた極限の考え方とそっくりです。

　極限の考え方は、曲線でも「どアップ」で見れば直線と区別がなくなる、ということでした。今回の面積について考えると、**正方形の大きさを「0」に近づけていけば**、実際の面積に近づくということです。

面積が近似できる

　つまり、正方形の面積をできるだけ小さくすることによって、複雑な図形でも面積を求めることが可能となったのです。

　ある1つの基本単位を決めて（今回は正方形）、それをはめ込んでいくと実際の面積の近似が求められるということです。

　誤差が無視できない特殊な図形（関数）もありますが（数学家はそういう特殊な例が好きです）、多くの場合は基本単位を小さくしていくことで誤差をゼロに近づけることができます。

　以上の方法をもとにして、大仏の体積を数式で書き表してみましょう。

正方形を小さく分割する

極限の考え方

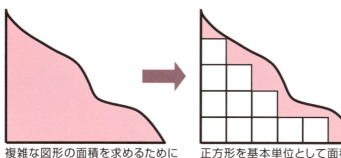

複雑な図形の面積を求めるために基本単位(簡単な図形)を考える

正方形を基本単位として面積を近似する

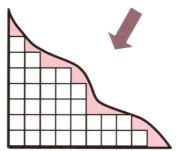

正方形を小さくすることによって、実際の面積に近づく

Check! 正方形の大きさを限りなく「0」に近づけていけば、求めたい面積に限りなく近づけることができる

極限の考え方と同じ

$$\lim_{\text{正方形の面積} \to 0} \text{すべての正方形の面積の和} = \text{求めたい面積}$$

つまり、求めたい式を数学語で表すとこのようになる

05 螺髪(らはつ)がすべてのカギになる
奈良の大仏の体積

大仏の体積を式で表せ

　大仏の体積を表す式を、積分を使って表現してみましょう。右のように奈良の大仏の螺髪（大仏様の髪の毛のように見えるもの。東大寺の最初の大仏には966個あったそうです）くらいの大きさの立方体を基準サイズとしましょう。

　この基準サイズの体積を「dv」（ディーブイ）という記号で表すことにします。別にどんな記号でもいいのですが、体積には「v」（英語でvolumeだから）という文字がよく使われることと、「小さい」という意味を込めた「d」（微分differentialより）をあわせて「dv」という文字をよく使います。

　この「dv」は「1文字扱い」とします。また、奈良の大仏の体積を「V」で表すことにしましょう。それではこの小さい体積をどのくらい集めればいいのでしょうか。小さい体積（dv）を奈良の大仏分集めれば、奈良の大仏の体積（V）と等しくなります。これをそっくりそのまま式にすると、右ページの式になります。

記号インテグラル

　dvの左側にある記号$\int$をインテグラルといいます。

　これは日本語では積分記号と呼ばれます。ライプニッツ先生が考案した、足しあわせ（Summation）の頭文字Sを縦に伸ばした記号です。右下に足しあわせる範囲を書くことができます。つまり、dvの左にインテグラルを書き、その右下に「奈良の大仏」と書けばこれだけで「小さな体積dvを、奈良の大仏のぶんだけ足しあわせろ」という意味になるのです。

積分で大仏の体積を求める

奈良の大仏の体積は？

螺髪は966個

螺髪くらいの大きさの立方体を基準サイズとして、大仏の体積を求める

基準サイズ(dv)で、大仏の身体を埋めていくと考えたとき

Check! 螺髪＝dv

体積を求める式

$$\int_{奈良の大仏} dv$$

これでOK!
解けるかどうかは別として、このような式が立てられる。
しかし、式が立てられたからといって計算ができるとは限らない。

06 式にあてはめれば体積がわかる
どんなものでも積分できる

何でも式で表せる

　奈良の大仏の体積は数学語で簡単に表せるようになりました。では、世界一高い「牛久の大仏」の体積はどうでしょうか？

$$\int_{牛久の大仏} dv$$

となります。では、「鎌倉の大仏」は？　もう何でもできるでしょう。式を作ることに関しては、もう何でもできるようになりましたね。しかし、それを解くとなると別問題となります。

　簡単に奈良の大仏の体積を表す式を書けるようになりましたが、実は式を作るということは簡単なことではないのです。数学の技術的にいえば、かなり高度なことをしているのです。

　このように「$\int$」を使って何かの体積などを表すことは、単に記号の問題だけではなく、数学的な考え方では、「**1度細かく切り刻んでそれを足しあわせる**」ということを表しているのです。

つまり… 積分は足しあわせるが基本

　学校などでは、「$f(x)$を積分したいときは、$\int$とdxで挟めばいいんだよ」と教えられることがあるかもしれません。$\int$は最初、dxは最後に書くのが普通で、間違いではありません。しかし初学者が「$f(x)$を積分→$\int$とdxで挟む」と短絡してはいけません。積分は「足しあわせる（$\int$）」が基本です。何を足すのかというと、「$f(x)$とdxをかけ算したもの」です。結果として「挟む」カタチにはなりますが、決して「挟めば積分になる」わけではありません。

∫を使って積分する

式では簡単に表せる

牛久大仏の体積を求める式

で表すことができる

これで式を作ることに関しては、何でもできるようになった！

「∫（インテグラル）」の意味は？

インテグラルを使って何かの体積を求めるということを簡単にいうと、

Check! 物事をいったん細かく切り刻んで、その後それらを足しあわせるということ。

07 積分計算の画期的なアイディアを発見
ニュートン、ライプニッツの発見

ライプニッツのアイディア

　積分には微分の計算が使われていると説明しました。微分が使われていることを発見したのが、ライプニッツなのです。では、ライプニッツのアイディアが積分の計算にどのくらいの影響を与えたのかを考えてみましょう。積分の計算は「極限」などによって計算されるものですが、このアイディアによって微分の考え方からも計算が可能になり、計算時間が大幅に短縮できるようになりました。右ページの数式が、計算時間を短縮可能にした公式です。なんだか難しそうな式ですが、順を追って意味をたどっていけばそれほどでもありません。具体例で見ていきましょう。

式の意味

　右のページのグラフは東京を出発した新幹線の時間と移動距離を示したものです。時刻tのときの速さを「$f(t)$」で表すことにしましょう。0〜Tまでの移動距離を「$F(T)$」としますと、$F(T)$は0〜T間の$f(t)$の面積で表されます。これを式で表すと右ページのようになります。ここで時刻tからごく短い時間dtが経過した場合を考えます。移動距離$dF(t)$は、この時間に増えた面積のこと。一方、この面積は「速さ×時間」ですから$f(t)\times dt$でほぼ近似できます。dtは「0ではない」のでこの式を変形して、変数を適当に変えます。そして、代入するとライプニッツの式になります。これが何を意味しているのかというと、関数$f(x)$を「**積分して微分すると元に戻る**」ということです。

積分して微分すると元に戻る

ライプニッツの大発見

●新幹線の所要時間と速度

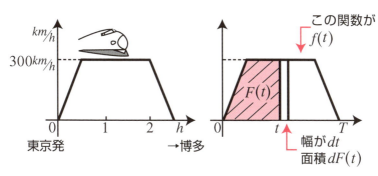

●上のグラフを式で表すと

$$F(T)=\int_0^T f(t)dt$$

（移動距離）

この短い時間dtのときの上のグラフの面積の関係は

$dF(t)=f(t)dt$ となるので （時間）

（距離）$\dfrac{d}{dt}F(t)=f(t)$ （速さ）

この2つの式の変数を適当に変えます。

$$F(x)=\int_0^x f(t)dt$$

$$\dfrac{d}{dx}F(x)=f(x)$$

上の式を下の式に代入すると

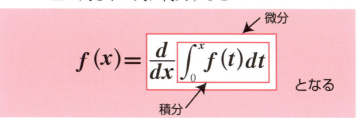

となる

08 原始関数とは？

微分する前の関数が積分した関数

ライプニッツの式の意味

前のページまでで「関数 $f(x)$ を積分して微分すると元に戻る」ことがわかりました。積分した結果を $F(x)$ として書き直すと、「関数 $f(x)$ を積分して $F(x)$ になったとすると、$F(x)$ を微分すれば $f(x)$ に戻る」ということです。これは、次のことにつながります。「$f(x)$ を積分した結果が欲しいなら、微分したら $f(x)$ になるような $F(x)$ を探せばいい」なるほど、と思った方、理解が早いです。でも、え？ と思った方も、あなたの疑問は正しいです。実は一つ仮定が抜けているからです。その仮定とは「ある関数の積分結果は一通りである」ということです。とりあえずここでは、そういうことにしておいてください。それにより「積分結果が欲しいなら、微分して $f(x)$ になるものを探せ」にたどり着くのですね。微分して $f(x)$ になるような関数（ここでは $F(x)$ のこと）を、「$f(x)$ の**原始関数**」と呼びます。

仮定の問題

この「仮定」のあたり、常識的な関数を考える限りこれで正しいのですが、非常識的な関数ではよくわからなくなります。それがどんなものかは、リーマン積分だのルベーグ積分だのを調べてみるとよいでしょうが、とにかく面倒な（面倒とは、好きな人にとっては「面白い」となります。やたら面倒そうなジグソーパズルやプラモデルに嬉々として挑戦している輩がきっと君のそばにもいるでしょう）議論に突入します。今はそこまでこだわる段階ではありません。

原始関数

原始関数とは

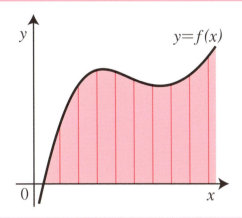

$$\int f(x)\,dx$$

グラフから面積を表す式は立てられる

何を計算したいかはわかるが、具体的にどうすれば計算できるのかわからない

ライプニッツのアイディアでは

「微分してその関数になるものが積分の答えとなる」
となっている

微分として、その関数になるものを原始関数という

つまり、このような関数を探せば積分できる

09 微分すると元の関数になる
積分の公式を導き出す

見てくれの問題

　やっとここから積分の計算に入りますが、その前に原始関数について、もう少し考えてみましょう。一般に原始関数のことを、元の関数 $f(x)$ に対して、大文字で $F(x)$ と書き表します。

　積分してでてくるものなので一応、大文字で書いているのですが、大文字であることはまったく意味がありません。ただなんとなく、数学を学んだ人たちの共通認識で、原始関数には大文字が似合うのです。ただの習慣です。あえて逆らう意味はないので、ここでも習慣に従いましょう。**原始関数でわかっているのは、微分の逆**だということのみです。

積分の計算方法

　微分の逆……、どういうことでしょうか。結論を書いてしまいますが、「ある関数 $f(x)$ を積分しろ」と言われたら、「微分して $f(x)$ になるような関数って何かな～」と考えればいいのです。

　例えば $6x$ を積分してみましょう。微分して $6x$ になるような関数はなんでしょうか。x^2 は微分すると $2x$ 。惜しい！ 近い！ と思って欲しいところです。そう、はじめからあらかじめ3倍して $3x^2$ としておけば微分して $6x$ になりますよね。微分すると肩の数字が係数に落ちてきますが、それをあらかじめ調整しておけばいいのです。ですから、例えば x^5 の積分は、$\frac{1}{6}x^6$ になります。あらかじめ $\frac{1}{6}$ を掛けておいたわけですね。こうして求められた「微分して $f(x)$ になるような関数」のことを原始関数といいます。

積分の公式

積分の公式

数式で表すと

$$F'(x) = f(x) \text{ となる}$$

微分の公式を使うと

$$(x^n)' = nx^{n-1}$$

この式の n に 1 を加えると

$$(x^{n+1})' = (n+1)x^n$$

$$x^n = \frac{1}{n+1}(x^{n+1})'$$

つまり $\frac{1}{n+1}x^{n+1}$ を微分すると x^n になるということは

$$x^n \text{の原始関数は } \frac{1}{n+1}x^{n+1} \text{ となる}$$

例) $y = 3x^2$ の原始関数を求める

$(○)' = 3x^2$ となればよい

公式を見ると

$n = 2$ ということがわかるので

$\frac{1}{2+1}x^{2+1}$ となる。係数を考えて

$\frac{3}{2+1}x^{2+1}$ として計算すれば x^3 が原始関数となる

x^3 を微分すると $3x^2$ なので答えが確認できる

10 原始関数と不定積分

原始関数と不定積分の違いはナニ？

原始関数と「積分」

　前項で「結論を先に書いてしまいますが」と書きました。ここでもう一度歴史を整理しておきます。「微分して $f(x)$ になるような関数って何かなあ」の答えが原始関数です。

　一方で「 $f(x)$ を積分したらどんな関数になるのかなあ」という疑問がありました。「積分」は長い間、どうやったら求められるのかわからなかったのです。そしてこの2つの疑問をつなぐ大事件がライプニッツ先生の発見「積分したものを微分するともとに戻る」です。

　これにより、これまで別のものと考えられていた原始関数と「積分」が同じことだとわかり、「積分したければ、原始関数を求めればいいんだ」となりました。それが前項で先取りした結論です。

定積分と不定積分

　ところで上では「積分」と書いてきましたが、上のような使い方の場合には正しくは「不定積分」と書くべきです。「定積分」というものがあるため、これまでの「積分」は「不定積分」と書くことになりました。定積分はまたあとでやります。

　というわけで、原始関数と不定積分は「もともと全然関係ないもの」だったのが、ライプニッツにより「同じもの認定された」のです。だから、違うとすれば出自が違う。したがって普通は両者は区別なく使っても構わないのですが、例えば「微分してある関数になるようなものって何かなあ」の文脈では、どちらかといえば原始関数という用語を使うべきでしょう。

不定積分の考え方

不定積分って何？

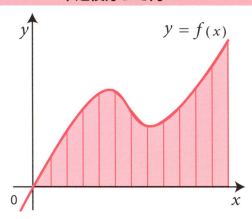

$$\int f(x)\,dx$$

関数 $f(x)$ を不定積分で表している

不定積分とは

原 始 関 数

答えが関数で求められるもの

では、どうして別の名前になっているのか

不定積分の隠れた謎とは？

11 定数を微分するとなくなるということは
答えは1つではない？

原始関数のこと

　実は原始関数とは、ひとつだけとは限らないのです。計算方法にチョットした落とし穴が存在するのです。ここで、公式を見てみましょう。

$$x^n \to \frac{1}{n+1}x^{n+1}$$

でしたね。しかし、原始関数に「+3」のような数字がつくと、どうなるでしょうか。例えば右ページに、「$y = x^2 + 1$」、「$y = x^2 - 6$」という2つの式を載せていますが、この2式は、微分すると同じ答えが求められます。つまり、「**答えが何個もある**」ということです。

　少し微分のルールについて思い出してみましょう。関数を微分するとき、定数は微分すると「0」になります。つまり、積分では定数部分も考えなければならないのです。「0」という何もないものを積分するとどうなるのでしょうか。

原始関数と不定積分

　原始関数と不定積分は用語としてはほぼ同一です。ただ、「$f(x)$ の原始関数を $x^2 + 1$ としたとき、$f(x)$ を求めよ」と書くとどうでしょう。このように書けば原始関数は不定ではなくなります。しかし通常はどちらも「微分して $f(x)$ になるような関数」の意味で使われ、定数分の不定要素が存在するのです。

関数を積分してみる

不定積分と原始関数の違い

積分の公式

$$x^n \rightarrow \frac{1}{n+1}x^{n+1}$$

$y = 2x$ の原始関数は $y = x^2$

しかし、

$$y = x^2 + 1 \qquad y = x^2 - 6$$
$$\vdots \qquad\qquad \vdots$$
$$y' = 2x\,\underbrace{+0}_{} \qquad y' = 2x\,\underbrace{-0}_{}$$

これは消える

Check! 両方とも微分すると $2x$ になる

●問題は定数

答えが1つに決まらない

定数分のズレが生じる

定数を何か文字で置いておく

12 積分定数は不定積分に絶対必要なもの
Cって一体何？

不定積分の結果

前ページでの問題は、「+1」などの定数部分をどう表すかについてでした。この定数部分はまとめて「C」という記号で表し、「積分定数」といいます。この「C」の意味は、constant（定数）の頭文字をとったものです。これはどういうことかというと、「積分して $f(x)$ になるのは何かな〜」と探したとき、答えが1つに決まらない、ということです。ライプニッツの主張をよく見ると「積分して微分すると元に戻る」であって、「微分して積分すると元に戻る」ではありません。微分は関数の「変化」を分析するものですから、**現在どの位置にいるかという情報（定数のこと）を落としている**のです。

Cとだけ書かない

積分定数を表す文字には C がよく使われます。ただ、よく使われるからといって何の宣言もなく C とだけ書いてはいけません。式の近くに必ず「（C は積分定数）」と書いておきましょう。「タマ」という名前を聞けば、だいたいの人は「猫じゃないか」と思ってくれるでしょう。ただそれは猫だという保証にはなりません。C とあれば、数学をわかっている人なら「積分定数のことだろうな」と思ってくれるでしょう。でも、数学をわかっている人ほど「いやいや、油断するな、C とあっても積分定数とは限らないぞ」と疑ってかかるでしょう。ですから書くときは必ず「（C は積分定数）」と書きます。忘れないようにしましょう。

Cの正体は積分定数

Cの意味はconstant（定数）

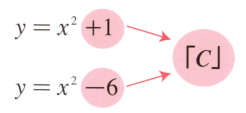

どちらもまとめて「C」という記号で表す

● 不定積分の場合は

$$\int f(x)dx = F(x) + C \quad (Cは積分定数)$$

と書く

不定積分をすると、末尾に「$+C$」がつく

積分定数Cのきまり

「C」で表す場合には、きちんと書いて断らなくてはいけない

不定積分には「C」がつく

13 図形を使って積分計算を検証する
三角形の面積を積分で求めるには

面積を求める式を立てる

　積分の計算もわかってきたところで、三角形の面積でも求めてみることにしましょう。三角形の面積なら公式を使えば一発です。積分は本来は公式のないようなものの面積を求めるために使うものなのですが、試しに使ってみる段階でいきなり公式のないものの面積を求めたのでは、それが正しいのか正しくないのかの検証ができません。ここでは直角三角形の面積でも求めてみて、積分が公式と同じ結果を与えることを検証しましょう。

　ここでは直角をはさむ2つの辺が、5と10である三角形を考えましょう。面積はもちろん5×10÷2=25ですね。

積分記号に範囲を持たせるには

　積分で求めるために、三角形の底辺をx軸に、斜辺がグラフになるような関数を考えてみます。$x=5$ のとき、高さは10になれば「直角をはさむ2辺が5と10の三角形」ができますよね。このとき斜辺は「関数 $y=2x$」の上に乗ることになります。

　ある x のところの高さは $2x$ です。小さい幅を dx として、ある x のところの短冊の面積は $2xdx$ であると考えます。その短冊を「0から5まで足しあわせる」という記号「$\int_0^5$」をあわせると、三角形の面積 S は

$$S=\int_0^5 2xdx$$

という式にできます。インテグラル記号の上下にある数値については次項で説明します。

三角形の面積を積分で求めてみる

直角三角形の面積の求め方

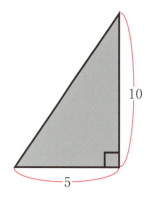

面積は、
底辺×高さ÷2＝25
　5　　　10

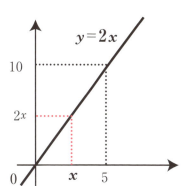

この短冊の面積は、$2x \cdot dx$
「これを $x=0$ から $x=5$ まで足しあわせる」を式にすると、

$$\int_{x=0}^{x=5} 2x\,dx$$

これが三角形の面積になるはず。

14 範囲指定ができるので答えが数字で求められる
値を求める積分

定積分

　インテグラル記号の右下と右上に数値を書いて、「どこからどこまで」という指示を出すことができます。この指示が書いてある積分を「**定積分**」といいます。これまでやってきた積分には具体的な指示がありませんでしたが、そういう積分は（定積分と区別したいときには）「不定積分」といいます。すでに前項で使ってしまっていますが、あらためて記号を説明すると、

$$S = \int_{a\text{から}}^{b\text{まで}} \text{足すもの}$$

　というように書きます。記号としては、少し紛らわしいですが、下が「○○から」、上が「○○まで」になります。これは「引き算の筆算」をイメージして理解してください。「30m地点から100m地点まで、その差は70m」というときに、

```
   100
 -  30
 ─────
    70
```

　というようになって、下が「30m地点から」上が「100m地点まで」になるでしょう。

原始関数に代入して引き算

　$f(x)$ の原始関数が $F(x)$ だとしましょう。このとき定積分 $\int_a^b f(x)dx$ は、$F(b)-F(a)$ の意味になります。

定積分とは？

定積分って何？

定積分 → ある区間での面積を求めるような積分

式の書き方

$$\int_a^b \quad \text{(足したい範囲)}$$

bまで　aから

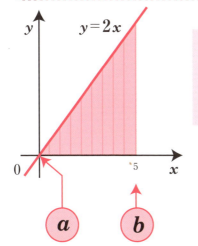

0から5までの面積を求めたい場合は

$$S = \int_0^5 2x\,dx \quad \text{となる}$$

a　b

範囲があるんだね

計算方法は、$\int_a^b f(x)\,dx = \Big[F(x)\Big]_a^b = F(b) - F(a)$ となる

15 積分計算の正しいことが確認できた
三角形の面積の公式と同じ

式を立てる

　定積分の計算方法がわかったところで、前のページで求めようとしていた三角形の面積について考えていきましょう。

　グラフ上で見た目が同じになるような三角形を求める関数は、「$y=2x$」でした。範囲はとりあえず「0～5」ということにします。これで、式を立ててみましょう。

$$\int_0^5 2x\,dx$$

　という式が完成しました。これを前ページででてきた式にあてはめれば面積を求められます。

三角形の面積と同じになった

　右図を参考に計算すると、「25」という面積が求められます。三角形の面積の公式を使っても同じになりました。積分の計算が具体的に確かめられました。この関数の原始関数を求めると右ページのような式になり直角三角形の面積の推移を表すグラフを作ることもできます。

　この式に値を代入すれば、相似になっている三角形ならば簡単に面積を求められます。「$y=2x$」という関数を変えれば、別の直角三角形の面積を求めることもできるようになりました。他にも四角形の面積や台形なども求められるようになったはずですね。関数さえわかれば、もう面積は求められます。

三平方の定理と同じになった

三角形と定積分は同じになる

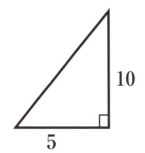

三角形の面積の求め方
底辺×高さ÷2
$5 \times 10 \div 2 =$ **25**

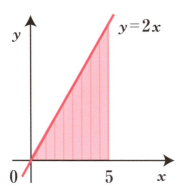

$$\int_0^5 2x\,dx$$

という式ができる

$y=2x$の原始関数「x^2」に「8」を代入すれば、底辺が8の直角三角形の面積を求められる

上の式を積分すると

$$S = \int_0^5 2x\,dx$$
$$= \left[x^2 \right]_0^5$$
$$= 25 - 0$$
$$= 25$$

計算結果が同じになった

16 微分と積分はホントに逆になってるの？
積分と微分は表裏一体

定積分のときの積分定数

　不定積分のときにでてきた「積分定数」は、定積分のときにはでてきません。原始関数は「微分したらその関数になるもの」でしたよね。仮に原始関数 $F(x)$ が ax^2+bx+C であるとすると、「定数は微分したら消えてしまう」という性質があるため、「微分したらその関数になるもの(原始関数)はたくさんある」ということになります。

　しかし、この「たくさんある」という言葉にはワナがあります。原始関数を求めた時点である特定の定数Cが決まるのです。つまりはCは「可能性としてはたくさんある」が、原始関数を求めたらそこで「ただひとつ」に絞られてしまっているのです。定積分で「a から b まで」を計算する場合には「まず原始関数 $F(x)$ を求め(この時点でCが固定される)」て、それに b を入れて $F(b)$、a を入れて $F(a)$ を作って、それらを引き算します。こういう段取りですので、$F(b)-F(a)$ は必ず同じ定数項を引き算することになり、定数Cがどんな値であっても必ず相殺して消えるのです。

微分と積分は「完全に」逆演算ではない

　微分すると定数項は消えてしまうため、一般に、ある式を「積分してから微分すれば」元の式に戻りますが、「微分してから積分する」と、元の式には戻りません。最初に微分した時点で定数項の分の情報を落としてしまうのです。

定積分と積分定数の関係

定積分では積分定数は考えなくていい

単に $\int 2x\,dx$ を求めよ

（微分して$2x$になるものは何？）

だと $\begin{cases} x^2 & \text{かもしれないし} \\ x^2 + 1 & \text{かもしれないし} \\ x^2 - 5 & \text{かもしれない} \end{cases}$

定数にはいろいろな可能性がある。そこで積分定数 C を使って $x^2 + C$ と書く。

でも定積分では、

$\int_a^b 2x\,dx$ 　この部分の計算をした段階でその C が何か決まる。たとえば13とすると、原始関数は x^2+13 になる。そこに b を入れると b^2+13

$(b^2+13) - (a^2+13) = b^2 - a^2$ 　これが使われるというのがミソ。

次にこの部分の計算になるが、このときは先に求めた原始関数が使われている。これに a を入れると a^2+13

Check!

このようになるので、今は13を例にしたが、何であっても必ず相殺される。

定積分では、積分定数は考えなくてよい。

17 直線に囲まれた図形以外の面積を求める
2次関数の面積を求めてみよう

曲線の面積

　直線に囲まれた面積が同じになるということは、これまでの解説で理解できたと思います。積分の計算が間違いなく合っているということの確認ができました。

　では、これまで求めることのできなかった、曲線で囲まれた図形の面積を求めてみましょう。ここでは、そのような面積を代表するものとして、「$y = 3x^2$」のグラフの「3〜8」区間、右ページの斜線部分の面積（2次関数の面積）について求めます。積分の式は、下のようになります。

$$\int_3^8 3x^2 \, dx$$

　まず、2次関数を積分します。すると、微分して「$3x^2$」（サンエックスニジョウ）になる関数なので、「x^3」（エックスサンジョウ）ということになります。定積分の書き方は右ページのようになります。3を代入して引き算をすることを、忘れないようにしておいてください。

結果を分析

　これを計算すると、485という値が求められます。この面積を台形だと思って近似計算してみると、547.5となりました。積分で計算した場合との誤差は62.5となります。単純な台形近似では、面積比で約 $\frac{1}{8}$ もの誤差がでてしまいました。思ったよりも曲線の影響は大きいですね。積分の力を実感するところです。調子に乗って、もう少し応用してみましょう。

2次関数で面積を求める

曲線の面積を求めてみる

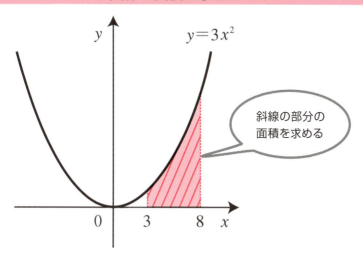

斜線の部分の面積を求める

式にすると

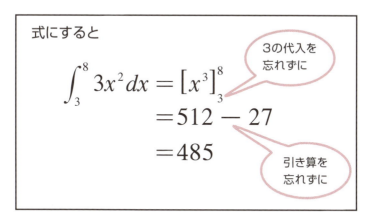

$$\int_3^8 3x^2 \, dx = \left[x^3 \right]_3^8$$
$$= 512 - 27$$
$$= 485$$

3の代入を忘れずに

引き算を忘れずに

Check! 斜線部分の面積を台形として近似値すると大きな誤差がでる。

18 関数で曲線に囲まれた面積が求められる
曲線に囲まれた面積を求める

上の曲線と下の曲線

　少し難しくなって曲線と曲線に囲まれた右ページの斜線部分の面積を求めてみましょう。右ページの2つの関数がグラフに表されています。

　計算方法は、まず交点を求めて、グラフで見て求める斜線部分の「**上の関数**」－「**下の関数**」＝で積分をします。

　なぜ、上－下＝なのでしょうか。これは、面積の共通部分を求めていると考えればわかりやすいと思います。

　計算方法については、今までは書く必要性がなく、知らない間に省略していたのですが、今まで面積を求める部分というのは、x軸（$y=0$）と関数で囲まれた部分を求めていました。

　この場合、「－0」と書いても書かなくても結局答えには影響しないので、書かなくてもよかったのです。しかし、今回の場合は関数に囲まれているので、書く必要があり上－下＝になるのです。

実際の計算

　まずは交点を求めましょう。交点の求め方は、2つの関数が「＝」で結ばれるときが「**交点**」となります。つまり、2つの関数が同じ点を通るということです。今回の場合は、（－1, 2）と（2, －1）が交点となります。

　この「x」の値が積分範囲となります。つまり、－1から2までが積分範囲です。これを計算すると、「9」という面積が求められます。

曲線と曲線に囲まれた面積

曲線に囲まれた面積とは

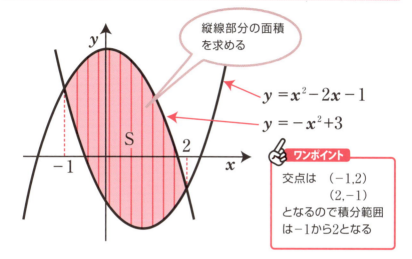

縦線部分の面積を求める

$y = x^2 - 2x - 1$

$y = -x^2 + 3$

ワンポイント

交点は $(-1, 2)$、$(2, -1)$ となるので積分範囲は -1 から 2 となる

グラフ上では

求める面積の共通部分を表している

上 − 下

$$S = \int_{-1}^{2} \{(-x^2 + 3) - (x^2 - 2x - 1)\} dx$$

$$= \int_{-1}^{2} (-2x^2 + 2x + 4) dx$$

$$= \left[-\frac{2}{3}x^3 + x^2 + 4x \right]_{-1}^{2}$$

$$= \left(-\frac{16}{3} + 4 + 8 \right) - \left(\frac{2}{3} + 1 - 4 \right)$$

$$= 9$$

Check! 引算をしてから積分をしてもいいし、片方ずつを積分してから引算してもどちらでもよい。

19 チョット積分計算の練習

今まで説明した積分計算の集大成

いままでの方法を駆使

積分の計算にも慣れてきたので、少し練習をしてみましょう。

$$f(x) = 4x^3 - 8x$$
$$g(x) = 8x$$

という２つの関数で囲まれた面積を求めてみましょう。まずは、グラフを描きますが、「$f(x)$」（エフエックス）のグラフは３次関数のグラフなので微分を使ってきちんと求める必要があります。しかし、今回はグラフを描くことが目的ではないので、「$f(x)$」のグラフの概形がわかれば問題はありません。右ページにも書いてあるように、x軸との交点がわかれば、グラフの概形がわかります。

グラフが描ければ、次に問題となるのが２つの関数の交点を求めることです。交点は、関数が「＝」で結ばれるときなので、因数分解をすれば交点のx座標が求められます。積分をする場合には、交点のx座標がわかれば計算ができるので、y座標は今回は求めません。

積分する

交点が－２と０と２で求められました。交点が３つあるということは、関数が３回交わっているということです。当たり前のことですが、何をいいたいのかというと、グラフを描いているのでわかりやすいと思うのですが、３次関数と１次関数のグラフが途中で上下入れ替わっているということです。つまり、積分の区間を分割する必要があるということなのです。

チョット積分（練習）

要領よく解く

$$\begin{cases} f(x) = 4x^3 - 8x \\ g(x) = 8x \end{cases}$$ で囲まれた面積を求める

●グラフを描く

$f(x) = 4x^3 - 8x$
$\quad = 4x(x^2 - 2)$
$\quad = 4x(x - \sqrt{2})(x + \sqrt{2})$

Check! x軸との交点 $-\sqrt{2}, 0, \sqrt{2}$

がわかったので、これでグラフの概形を描く

●交点を求める

$4x^3 - 8x = 8x$
$4x^3 - 16x = 0$
$4x(x - 2)(x + 2) = 0$
よって交点は

Check! $x = 0, 2, -2$ となる

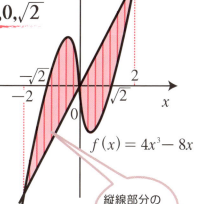

縦線部分の面積を求める

$$\int_{-2}^{0}(4x^3 - 8x - 8x)\,dx + \int_{0}^{2}(8x - 4x^3 + 8x)\,dx$$
$$= \int_{-2}^{0}(4x^3 - 16x)\,dx + \int_{0}^{2}(-4x^3 + 16x)\,dx$$
$$= \left[x^4 - 8x^2\right]_{-2}^{0} + \left[-x^4 + 8x^2\right]_{0}^{2}$$
$$= -16 + 32 - 16 + 32 = 32$$

20 ラーメンの器を数学語で表現しよう
器を式で表す

回転体の式

　次は積分で体積を求めてみましょう。ラーメンの器にどのくらいの量が入るでしょうか。器が目の前にあれば、水でも入れてみて、その量を測ればいいんです。こうして求められた値を「**実験値**」といいます。対して、数理的に計算して得られた容量を「**理論値**」といいます。測れる場合には実験値を出すのが最も簡単ですが、世の中は測れるものばかりではありません。ダムや湖の水も「測られて」いますが、それはもちろん実験値ではなく理論値です。理論値をどう求めるのかの片鱗を少し見ていきましょう。まずは器について調べます。器の形状はさまざまですが、適当に近似することを考えます。多くのラーメンどんぶりは、半球よりは紡錘形ですよね。そこでここでは「器を縦に切ると断面が2次関数の曲線になっている」と考えましょう。陶器を作る「ろくろ」をイメージしてください。これを式で表して

$y = \dfrac{1}{2}x^2$ となると仮定します。

積分する方向

　さてこの「2次関数を軸のまわりに回してできた立体」の体積をどうやって求めるか。いくつか方法はありますが、ここでは最も簡単になる「この立体を、水平にスライスして考える」というやり方でやってみたいと思います。このスライスでは「断面が円」になります。ある断面に目をつけましょう。「断面を表す2次関数」から読み取れるのは、「断面の円の半径」です。ある y に対応する「断面の円の半径」は $\sqrt{2y}$ になります。

式を組み立てる

器を数学語で表す

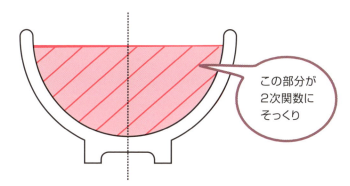

この部分が2次関数にそっくり

ラーメンの器の断面図

ワンポイント
シンプル化して数学語で表す

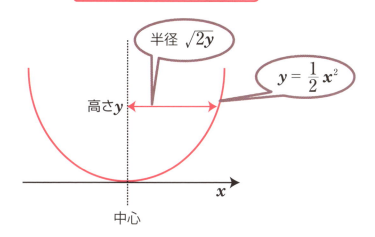

半径 $\sqrt{2y}$

$y = \dfrac{1}{2}x^2$

高さ y

中心

21 数学語に直った器をグラフで表すにはどうする？
器の体積を数学語で表す

半径の表し方

　前のページで半径が「$\sqrt{2y}$」になると書きました。なぜこのようになるのかというと、積分の方向にあります。「dx」の「x」は、「x方向」に積分するという意味があります。つまり、今までの積分は x 軸方向の積分しか行なっていませんでした。そういったことで、何も考えず最後に「dx」をつけておけば問題ありませんでした。

　今回の問題は、積分をする方向が x 軸方向ではなく y 軸方向に積分をすることになるのです。目的は体積を求めることなので、薄切りスライスを求めてそれを積み重ねるということが、体積を求めるイメージです。つまり、トランプのように薄いカード1枚では、厚さは微々たるもので体積がごくわずかでしょう。しかし、トランプ全種類の54枚を積み上げれば、結構な厚みを持ちます。今回の器の問題に関していえば、**ごく薄いスライスを y 軸方向に積み上げていく**のです。

断面を積み重ねる

　体積を求めるには断面積を表す関数が必要になります。その関数を求めることができれば、その関数を積分することで体積を求められます。

　そこで、次のページではいかにして、断面積の関数を求められるのかを解説していきます。それさえ求められれば、積分計算のヤマを越えたことになります。

器の体積を表す式を作る

積み重ねると体積になる

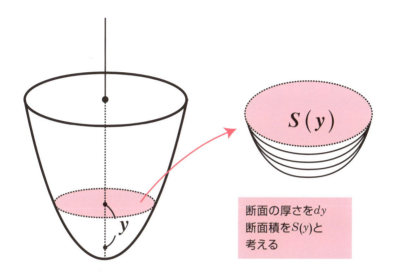

断面の厚さをdy
断面積を$S(y)$と
考える

器の体積を表す式

器の体積をVとすると

$$V = \int_a^b S(y)\,dy$$ となる

薄切りスライス$S(y)dy$をy軸方向にaからbまで足しあわせる

Check! 体積を求めるには、断面積の関数を見つけることが必要になる。

22 断面積を表す関数を求めると答えまであと少し
断面積を求めてみる

断面積の関数

今までの考え方を適用して、さっそく断面積を表す関数を求めていきましょう。まず、適当な場所で器を水平に切ると、断面が「円」になっていることがわかります。どの位置で切っても大きさは違いますが円になります。ある高さ y での断面が円になるとき、円の半径が x とわかっていれば、断面積 $S(y)$ は、$S(y) = \pi \times x^2$ と書くことができます。ここでその円の半径が114ページで仮定した通り $y = \frac{1}{2}x^2$ であるとすると、それを代入してあげれば、$S(y) = 2\pi y$ と表わせます。

断面積を表す式

ある高さ y での断面積 $S(y)$ は $S(y) = 2\pi y$ と、実にシンプルに書き表せることがわかりました。今は y 方向に積分しようとしています。次項で実際にやりますが、y 方向に積分するということは、y 方向の小さい幅を意味する dy を掛けて薄いスライスの体積を求め、そしてそれを足し合わせて全体の体積を求めようとするのです。ですからここで $S(y)$ が y の関数として書かれていれば処理がラクになるのです。

今回は比較的簡単に y の関数に書き直すことができましたが、世の中には書き直せないような関数もたくさん存在して、その結果「積分できない」関数もたくさん存在するのです。

面積を求めてみよう

断面積の関数

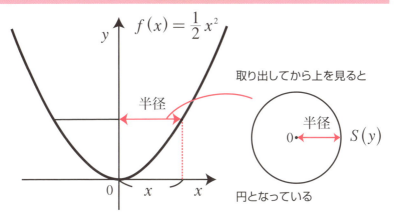

円の面積を求める公式から

$$S(y) = \pi \times x^2$$

半径の2乗

Check! 最終的に積分する方向は、y軸なのでxをyで表す必要がある。

$y = f(x)$ より

$y = \dfrac{1}{2}x^2$、つまり

$2y = x^2$

なのだから

$S(y) = \pi \times x^2$

$S(y) = 2\pi y$ となる

ワンポイント
$S(y)$がyの式になるように書き直す

23 どのくらいの量が入ってるのかがわかった
器の体積が求められた

計算方法は変わらない

　積分の式も立てられたところで、いよいよ定積分で体積を求める計算をします。「dy」だからといって計算方法が変わるわけではありません。普通に計算をすればいいだけです。π は定数なのでこの場合は「2π」で1つの数字だと思っていれば問題ありません。

　器の深さを15と仮定すると、y の範囲が0から15となり、これを原始関数に代入し計算します。0の場合は計算しても0なので、あまり意味がありません。この計算結果は、225π となります。

　円周率を3.14とすると、体積は706.5となります。単位をcmとすると、ラーメンの器の体積は、706.5[cm^3]、つまり0.7065[ℓ]になります。おおよそ0.7[ℓ]のラーメンが入ることになります。わりとそれっぽい値が出てきましたね。

ラーメンを食べるときに思い出そう

　ラーメンを食べるときこのように考えながら食べるとまずくなるかもしれませんが、いろいろな物が積分によって求められるということです。

　さて、身近な例を取り上げて積分の計算を行なってきましたが、積分の計算は、意味は理解しやすいのですが、計算自体は極限の考え方がでてきたり、微分が絡んできたりとわかりにくいものでした。積分計算を行なう場合は、具体的に何か自分の好きな物に置き換えて考えるとわかりやすいのかもしれません。

体積を求めてみよう

ラーメンの器の体積

$$V = \int_a^b S(y)\,dy \quad \text{に値を代入}$$
$$= \int_0^{15} 2\pi y\,dy \quad \text{となる}$$
$$= \left[\pi y^2\right]_0^{15}$$
$$= 225\pi - 0$$
$$= 225\pi$$
$\pi = 3.14$ とすると
$$= 706.5 \fallingdotseq 707\ [cm^3]$$

よって

ラーメンの器には

$707 cm^3$

0.707

つまり

 0.7ℓ

入っている

24 現実のものから数学語への翻訳方法
積分計算の流れの確認

積分計算の一連の流れ

　この問題を解くにあたり、何が難しいかをあらためて考えてみると、「設定を作る」ことです。断面積を表す関数を設定し、それを積分すれば答えが出るだろうな、と思えるかどうか。慣れた人でも一番頭を使うところで、最初はなかなか難しいのです。設定を作るポイントは、体積を求めることが目標なので、積分（＝足しあわせる）するものは「微小体積」、つまりここでは、「断面積×（極薄の厚さ）」です。式がきちんと立てられれば、後はただレールの上に乗って計算していくだけです。

うまい切り方を探そう

　体積を求める問題は、「切り方」を変えると難しさが変わり、下手をすると解けなくなります。今回は y 軸方向にスライスしましたが、この場合は断面が円となるため、計算が最も簡単になります。もし x 軸方向に切ってしまうと話はかなりややこしくなります。ただし今回は「放物線を回転した立体」ですので、非常に面倒ですが、頑張ればこれまでの積分の知識で求めることは可能です。大学入試で微分積分を選択しようという方は、練習の意味で、一度くらいチャレンジしてみてもいいかもしれません。
　ただ、普通は「なるべく、あとの計算が簡単になる切り方」を探すことから始めます。最初の見通しが悪いとどんどん計算も手間も増える悪循環になります。最初にじっくりと腰を据えて「簡単になりそうな切り方」を探しましょう。

第3章 積分でわかること

流れを確認する

積分計算の流れ

問題出題

↓

式を組み立てる

↓

積分範囲を求める

↓

原始関数を求める

↓

答えを出して分析する

器にどのくらいの量が入るのか求める

$$V = \int_a^b S(y)\,dy$$
$$S(y) = \pi x^2$$
$$y = \frac{1}{2}x^2$$
$$x^2 = 2y$$
$$S(y) = 2\pi y$$
$$0 < y < 15$$
$$V = \int_0^{15} 2\pi y\,dy$$
$$= 225\pi$$

$\pi = 3.14$ とすると
$$= 706.5$$

器の断面

 約0.7ℓ

25 積分で「$\frac{1}{3}$ のナゾ」を解明
三角錐の公式を作ってみる

三角錐の公式にはナゾの $\frac{1}{3}$ がある

　積分の最後に、「三角錐の公式」を作ってみましょう。三角錐の公式は「底面積×高さ×$\frac{1}{3}$」です。この $\frac{1}{3}$ はどこから来たのでしょうか。三角形の公式の「底辺×高さ×$\frac{1}{2}$」の $\frac{1}{2}$ は「2つの三角形を組み合わせると、ほら四角になるでしょう」と説明されます。三角錐は、体積計算上は「3個集めると三角柱になりますよ」ということなのですが、3個の三角錐をどう組み合わせても三角柱にはなりませんよね。

三角錐の公式を積分で作る

　ラーメンどんぶりでやったように、高さ x でスパッと切ったときの断面積を式で表してみましょう。高さは今回は 0 からの h 範囲です。底面積を S とすると、断面積は相似関係になり、高さ x では「$S\times\left(\frac{x}{h}\right)^2$」になります。これを 0 から S まで積分してやれば体積になります。

$$\int_0^h S\cdot\left(\frac{x}{h}\right)^2 dx = \frac{S}{h^2}\left[\frac{1}{3}x^3\right]_0^h = \frac{S}{h^2}\cdot\frac{1}{3}h^3 = \frac{1}{3}Sh$$

　体積は $\frac{1}{3}Sh$ と求められ、無事に公式と一致しましたね。ここまでずっと便宜上「三角錐」と書いてきましたが、円錐でも四角錐でも、どんな「錐」でも結果は同じになります。というわけで、x^2 の積分は $\frac{1}{3}x^3$ ですが、三角錐の公式にはこの $\frac{1}{3}$ が顔をだしていたのです。

三角錐の公式を理解する

錐の公式はみな同じ

三角錐の公式

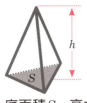
底面積 S　高さ h

体積は、

$$\frac{1}{3}Sh$$

この $\frac{1}{3}$ はどこから？

三角錐に限らず「錐」は底面に平行な平面で切ると、切り口は相似となる。このとき、例えば高さ半分のところでは、長さが半分になる。

長さが $\frac{1}{2}$ なら
面積は $\frac{1}{4}$ になる

長さが半分ということは、

面積は（半分）$^2 = \frac{1}{4}$ になる。

x が 0 から h まで変動するとして、

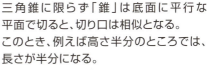

x の高さでは、長さは、$\frac{x}{h}$ 倍

つまり面積は $\left(\frac{x}{h}\right)^2$ 倍になる。

底面積を S として、x の高さでの面積「$\frac{x}{h} \cdot x^2$」を 0 から h までで積分すると

$$\int_0^h S \cdot \left(\frac{x}{h}\right)^2 dx = \frac{S}{h^2}\left[\frac{1}{3}x^3\right]_0^h = \frac{S}{h^2} \cdot \frac{1}{3}h^3 = \frac{1}{3}Sh$$

となって三角錐の公式と同じ式になる。
円錐でも四角錐でも「錐」ならみんな同じ式になる。

この $\frac{1}{3}$ は、「積分から」きているんですね！

26 積分についての最後の教え
積分まとめ

積分の「理解」

　駆け足ですがここまで積分について説明してきました。積分はどうしても「原始関数を見つける」ことが経験に頼るところが大きくなりますので、多くの方は微分よりも積分が難しいと感じられたことと思います。実はそれが正しい積分の理解です。

　世に無数にある関数のうち、原始関数を求められるのは多項式や三角関数や指数関数などに限られ、多くの関数は原始関数が求められないか、または、原始関数がまだ見つかっていません。

　入学試験などでは、多くは「原始関数を求められるような式」が出題されますので、知恵を絞って原始関数を求めないといけませんが、ただそれは積分の本質ではありません。

　ラーメンどんぶり程度なら積分可能な関数の組みあわせで近似することもできようものですが、自然にあるダムの形状をグラフ表現してそれが積分できるとはとても思えません。実用上は原始関数が求められなくても積分はできます。数値積分という手法です。

　薄いスライスの体積を求めて、その数値を力技で足しあわせます。手作業ではたいへんですが、コンピュータの力を借りれば計算できます。原始関数を求めることが積分ではありません。「細かいものを足しあわせるのが積分」です。

　ただし、可能ならば原始関数を探すべきです。積分は原始関数を探すことではありませんが、原始関数はその名の通り「本質を端的に表した関数」ですので、それが見つけられれば「本質を見つけた」のと同じことですし、それをもとにさらに深いところも探ることができます。数学はものの本質を探る学問なのです。

積分のまとめ

積分をまとめると

積分とは

細かくして、足しあわせる方法

面積が求められたり、体積が求められたりする。

「何が」求まるかは

「何を」細かくするかしだい。

積分は基本的には難しい。できなければ力づくで
細かくして足しあわせる　＝数値積分

なかには「原始関数を求める」という手法で解けるものがある。

高校ではこれを主にやるが、全体から見ればむしろ例外的。でも……。

**多項式が積分できるだけでも、
いろいろなことがわかる。**

ムダにはならない。

監修

大上丈彦（おおがみ・たけひこ）

プログラマ、ディレクター、予備校講師などを経て、2000年に「初学者には優しくする必要はあるが、易しくする必要はない」を合言葉に企画編集プロダクション＜メダカカレッジ＞を主宰。自らの執筆の傍ら、わかりやすい入門書のためのコンサルティング等を行っている。主な著書に『マンガでわかる統計学』（SBクリエイティブ）、『ワナにはまらない微分積分』『ワナにはまらないベクトル行列』（技術評論社）、共著書に『マンガでわかる微分積分』（SBクリエイティブ）、『ねじ子とパン太郎のモニター心電図』（SMS）などがある。

カバー・本文デザイン　遠藤秀之（スタイルワークス）
イラスト　オブチミホ
編集協力　アート・サプライ

眠れなくなるほど面白い
図解 微分積分

2018年 4 月30日　第 1 刷発行
2024年 9 月10日　第17刷発行

監 修 者　大上丈彦
発 行 者　竹村　響
印 刷 所　TOPPANクロレ株式会社
製 本 所　TOPPANクロレ株式会社
発 行 所　株式会社 日本文芸社
　　　　　〒100-0003　東京都千代田区一ツ橋1-1-1　パレスサイドビル8F
　　　　　URL https://www.nihonbungeisha.co.jp/

©NIHONBUNGEISHA 2018
Printed in Japan 112180410-112240826 Ⓝ17（300003）
ISBN978-4-537-21581-6
（編集担当:坂）

＊本書は2004年10月発行『面白いほどよくわかる微分積分』を元に、新規原稿を加え大幅に加筆修正し、図版を新規に作成し再編集したものです。

乱丁・落丁などの不良品、内容に関するお問い合わせは
小社ウェブサイトお問い合わせフォームまでお願いいたします。
ウェブサイト　https://www.nihonbungeisha.co.jp/
法律で認められた場合を除いて、本書からの複写・転載（電子化を含む）は禁じられています。
また、代行業者等の第三者による電子データ化および電子書籍化は、いかなる場合も認められていません。